DVDビジュアルブック

こんなにスゴい!

自衛隊 最新&最強 装備

著者：野口卓也　DVD監督：大島孝夫

Gakken

圧倒的な迫力の貴重映像が満載!

DVDビジュアルブック
こんなにスゴい!
自衛隊最新&最強装備

編集：仙田祐一郎　監督：大島孝夫

特別DVD CONTENTS

全77分

陸上自衛隊
JAPAN GROUND SELF-DEFENSE FORCE

2014年　総合火力演習／東富士演習場
2014年　日米合同演習「魔神（ライジング・サンダー）2014」
　　　　／米ワシントン州ヤキマ米陸軍演習場
2013年　中央観閲式／朝霞駐屯地

●オープニング曲「陸軍分列行進曲」　演奏／陸上自衛隊中央音楽隊

最新10式、90式、74式戦車から装甲戦闘車、自走砲、誘導弾から攻撃ヘリまで、多彩な顔ぶれを網羅!

海上自衛隊
JAPAN MARITIME SELF-DEFENSE FORCE

2012年　自衛隊観艦式／相模湾
2014年　RIMPAC（環太平洋合同演習）
　　　　イージス護衛艦「きりしま」密着／米ハワイ沖
2013年　中央観閲式／朝霞駐屯地

●オープニング曲「行進曲『軍艦』」　演奏／海上自衛隊東京音楽隊

最新の「いずも」「ひゅうが」から歴代護衛艦、潜水艦、掃海艦から哨戒機、救難艇などの海の翼まで!

航空自衛隊
JAPAN AIR SELF-DEFENSE FORCE

2014年　航空観閲式／百里基地
2014年　三沢基地航空祭
2015年　美保基地航空祭
2013年　中央観閲式／朝霞駐屯地

●オープニング曲 航空自衛隊創設60周年記念曲「風薫る」　演奏／航空自衛隊航空中央音楽隊

F-2、F-15から練習機、早期警戒機、輸送機から政府専用機まで!日本の空を守る多彩な翼たちを活写!

約77分	片面一層	MPEG-2	COLOR	複製不能
日本語（2chステレオ）	16:9 LB	DOLBY DIGITAL	2 NTSC 日本市場向	DVD VIDEO

NO 館外貸出不可

注意　ご使用前に必ずお読みください。

- 本来の目的以外の使い方はしないでください。
- 必ず対応のプレーヤーで再生してください。対応のプレーヤー以外で再生すると、耳などをいためる危険性があります。
- 直射日光の当たる場所で使用または放置・保管しないでください。反射光で火災の起きるおそれや目を痛めるおそれがあります。
- ディスクを投げたり、振り回すなどの乱暴な扱いはしないでください。
- ひび割れ・変形・接着剤で補修したディスクは使用しないでください。
- 火気に近づけたり、熱源のそばには放置しないでください。
- 使用後は専用ケースに入れ、幼児の手の届かないところに保管してください。

<取り扱い上の注意>（ご使用前に必ずお読みください）
・ディスクは両面ともに、指紋・汚れ・キズ等を付けないように扱ってください。
・ディスクは両面ともに、鉛筆・ボールペン・油性ペン等で文字や絵を書いたり、シール等を貼り付けないでください。
・ディスクが汚れた場合は、メガネ拭きのような柔らかい布で、内周から外周に向かって放射状に軽く拭いてください。
・レコードクリーナー、ベンジン・シンナーの溶剤、静電気防止剤は使用しないでください。
・直射日光の当たる場所、高温・多湿な場所での保管は、データの破損につながることがあります。 また ディスクの上から重たいものを載せることも同様です。

<利用についての注意>
・DVDビデオは、映像と音声を高密度に記録したディスクです。DVDのロゴマークのついた、DVD対応プレイヤーで再生してください。DVDドライブ搭載のパソコンでも再生できます(ごく稀に、一部のDVDプレイヤーでは再生できないことがあります。また、パソコンの場合もOSや再生ソフト、マシンスペック等により再生できないことがあります。この場合は各プレイヤー、パソコン、再生ソフトのメーカーにお問い合わせください)。

<権利関係>
・本DVDに収録されている著作物の権利は、学研パブリッシングに帰属します。
・このDVDを個人で使用する以外は、権利者の許諾なく譲渡・貸与・複製・放送・有線放送・インターネット・上映などで使用することを禁じます。
・図書館での貸与は、館外は認めません。

●はじめに —— 変貌を続ける自衛隊の今を一挙大公開

自衛隊創設から六十余年。発足当時は陸自13万9000人、海自1万6000人・5万8000トン、空自6700人・150機という規模で、装備は米軍供与であった。それが現在では陸自15万1000人、戦車700輌、火砲600門。海自4万5000人、護衛艦47隻、潜水艦16隻、作戦機170機。空自は4万7000人、作戦機340機という規模に成長、装備は世界最先端をいくものも多く、また、日本を取り巻く国際情勢の変化を反映したものでもある。

自衛隊の将来の姿は、国家安全保障会議及び閣議決定された「中期防衛力整備計画」（2014~2018年）によって定められた内容を見ていくと、その一端が垣間見える。

能力に関する主要事業は①各種事態における実効的な抑止及び対処、②アジア太平洋地域の安定化及びグローバルな安全保障環境の改善、に大別される。具体的には、周辺海空域における安全確保であり、島嶼部に対する攻撃への対応、弾道ミサイル攻撃への対応、宇宙空間及びサイバー空間における対応、大規模災害への対応が挙げられている。

そのために陸上自衛隊では水陸機動団の新編、海上自衛隊はイージス艦2隻、潜水艦5隻の増強、航空自衛隊はF-35A戦闘機、新早期警戒（管制）機の導入を決めている。

また、防衛白書2015年版では新たなる脅威として、過激派組織ISを念頭に置いた国際テロ組織を挙げており、「日本も無縁ではない」と警鐘を鳴らしている。

本書では、このような変化を遂げる陸上・海上・航空の3自衛隊の今の姿を映像・写真・CG・データで立体的に紹介する。特に、今や見学希望者殺到で抽選倍率20倍以上の「総合火力演習」「自衛隊観艦式」「中央観閲式」「航空観閲式」を網羅した大迫力のDVD映像をぜひご覧いただきたい。

航空自衛隊 主要装備 解説＆データ JAPAN AIR SELF-DEFENSE FORCE

【DVDビジュアルブック】こんなにスゴい！自衛隊 最新&最強 装備

CONTENTS

【これからの自衛隊をになう!】最新&最強、注目装備ベスト5

陸上自衛隊 主要装備 解説&データ JAPAN GROUND SELF-DEFENSE FORCE

海上自衛隊 主要装備 解説&データ JAPAN MARITIME SELF-DEFENSE FORCE

●本記事を作成するにあたって、次の書籍・雑誌を参考させていただきました。

陸上自衛隊パーフェクトガイド2008-2009(学習研究社)/海上自衛隊パーフェクトガイド最新版(学習研究社)/航空自衛隊パーフェクトガイド2003(学習研究社)/陸自マニア(別冊ベストカー、三推社・講談社)/海自マニア(別冊ベストカー、三推社・講談社)/陸上自衛隊装備百科(Jグランド特選ムック、イカロス出版)/航空自衛隊のすべてがわかる本(洋泉社)/丸2015年2月号別冊付録・陸海空自衛隊最新装備2015(潮書房光人社)/丸2005年2月号別冊付録・陸海空自衛隊最新装備2005(潮書房光人社)/自衛隊装備年鑑2014-2015(朝雲新聞社)/我が国の防衛と予算-平成27年度概算要求の概要(防衛省ホームページ)/平成3年度~26年度防衛白書

DDH-183ヘリコプター搭載護衛艦
「いずも」

護衛艦「いずも」は、護衛艦『ひゅうが』型と同様に、多数のヘリコプター運用が可能な全通甲板を持っていることが特徴である。

1970年代後半、潜水艦への哨戒および攻撃を行うため、世界の海軍でヘリコプターが運用されるようになると、海上自衛隊も『はつゆき』型護衛艦のように、ヘリコプター1機搭載型の護衛艦を多数揃えた。

さらに進んで、複数のヘリコプターを搭載する護衛艦の先駆となったのが、3機のヘリコプターを搭載する、1968年（昭和43）を建造年度とする護衛艦『はるな』型（2番艦「ひえい」は1970年が建造年度）と、1975年を建造年度とする『しらね』型（2番艦「くらま」は1976年が建造年度）であった。しかし、40年近い活躍を経て退役が進み、『ひゅうが』型および『いずも』型の建造となった。

『いずも』型は2010年度（平成22年度）計画艦で、『しらね』型1番艦「しらね」の代艦で、起工は2012年1月27日、進水は2013年8月6日、竣工は2015年3月25日であった。「いずも」の艦容は、上部構造物を右舷中央部に置くアイランド型となってお

空母の如き姿をした海自最大の護衛艦

り、基準排水量は19500t、全長は248m、最大幅は38mもある。甲板の広さのイメージとしては、〝「ひゅうが」が二車線なら「いずも」は四車線〟といった感じである。主機はCOGAG型ガスタービン4基、軸馬力は112000馬力、速力は約30ノットである。

広い甲板にはヘリの発着艦スポットが5つあり、同時に5機のヘリの発着艦が可能である。また格納庫には哨戒ヘリ（SH-60J／K）を7機、救難・輸送ヘリ（UH-60J／MCH-101）を2機搭載することができる。さらには陸自ヘリをはじめ、陸自や米軍が使用するMV-22の搭載や海上拠点としての使用も見込まれるだろう。

エレベーターは2基あり、1基は上部構造物左前方に、もう1基は上部構造物後方に外舷式に置かれている。海自ではエレベーターを持っている艦そのものが少ないが、外舷式のエレベーターは海自初で、帝国海軍時代を通しても、初めての艦となる。一方、F-35のような垂着または短距離で発着艦ができる航空機の搭載に関しては、米海軍の強襲揚陸艦『ワスプ』型と比べてみても、「いずも」は一回り小さいこともあり、搭載機数は制限されるだろう。米海軍の航空母艦のように飛行隊単位で搭載できるなら良いが、搭載が3~5機程度（調達時の値段にもよる）ならば、航空母艦的運用という面からは充分な数ではないだろう。

さて、「いずも」の個艦防御装置としては、SeaRAMが、上部構造物の前と左舷艦尾に装備されている。このSeaRAMは、高性能20mm機関砲（CIWS）に換えて対空ミサイルを打ち上げるものである。また、艦首と右舷

【これからの自衛隊をになう!】
最新&最強、注目装備ベスト5

艦尾には高性能20㎜機関砲が置かれている。艦内には、護衛艦『あきづき』型に装備された、魚雷防御装置が1基装備されている。

「いずも」は〝護衛艦〟であるが、その排水量の大きさを活かして、輸送艦や補給艦、病院船としての機能も併せ持っているようだ。具体的には輸送艦としては、右舷中央にあるランプを使って車輌を格納庫に搭載することができ、73式大型トラック（全長約7m、重量約8t）を最大50輌搭載できるほか、居住区画や多目的区画を使って400名ほどの人員を輸送することができるという。補給艦としては、汎用護衛艦の3隻分に相当する3300キロリットルの真水と燃料を洋上補給する能力があるという。

病院船としては、艦内に35床の医療ベッドと計3つの診察・手術室があるほか、多目的区画や格納庫に医療設備を持ち込んで、仮設医療施設とすることができるようだ。

「いずも」の2番艦は、2011年度中期防衛力整備計画の護衛艦として、2012年予算で建造となっており、建造は「いずも」と同じくジャパンマリンユナイテッド横浜工場である。2013年10月に起工し、2015年8月27日に進水し、2017年3月竣工を予定している。艦名は進水とともに命名されるので、現段階で艦名は発表されていないが、「ひゅうが」「いせ」「いずも」と、日本神話と縁が深い地方名が続いており、どのような艦名になるのか興味深い。

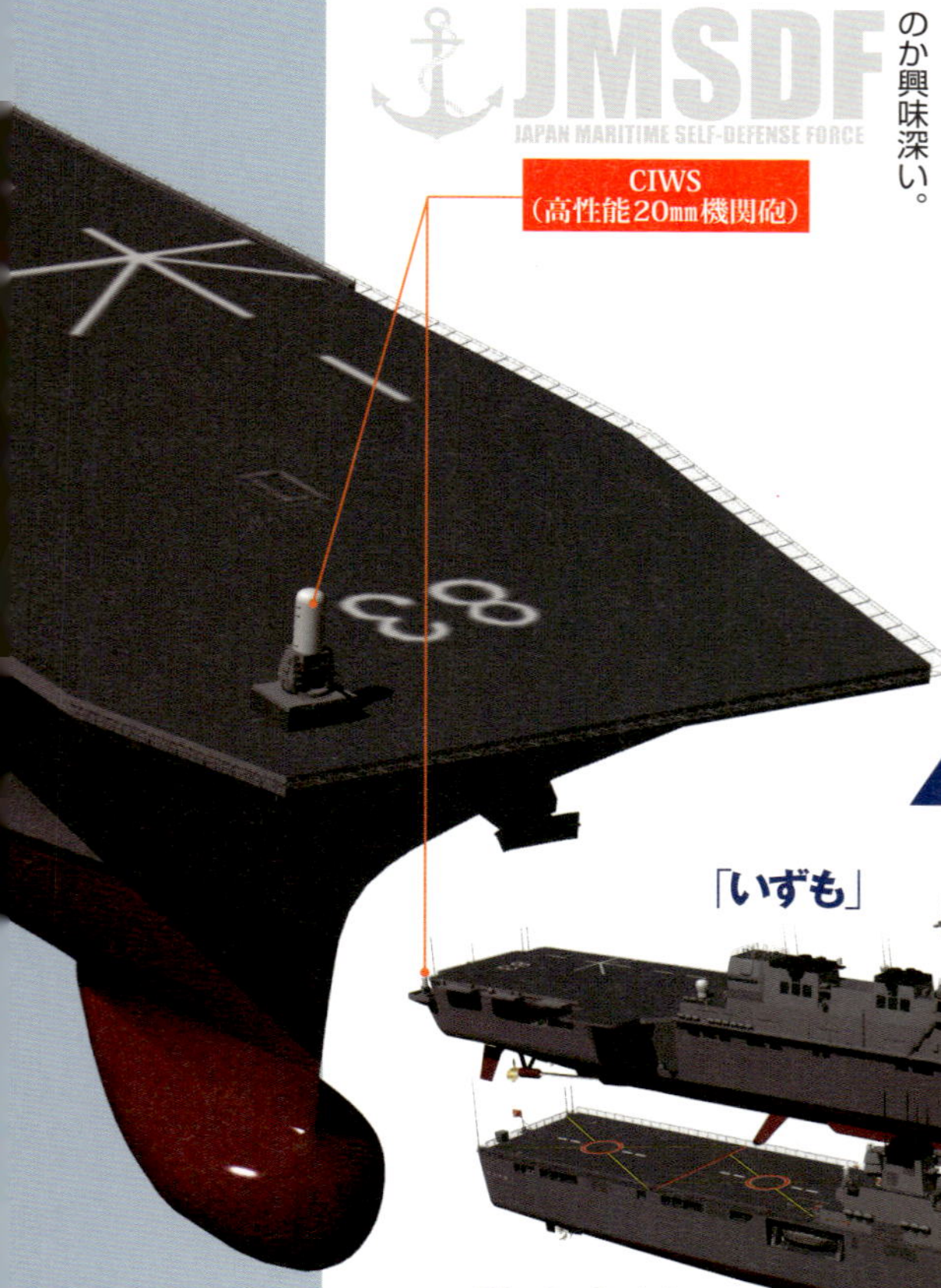

「いずも」と「おおすみ」の比較図

海上自衛隊で初めて全通甲板を採用した『おおすみ』型輸送艦（1998年就役）との比較。「いずも」は全長で70mも大きい。

DDH-183 IZUMO

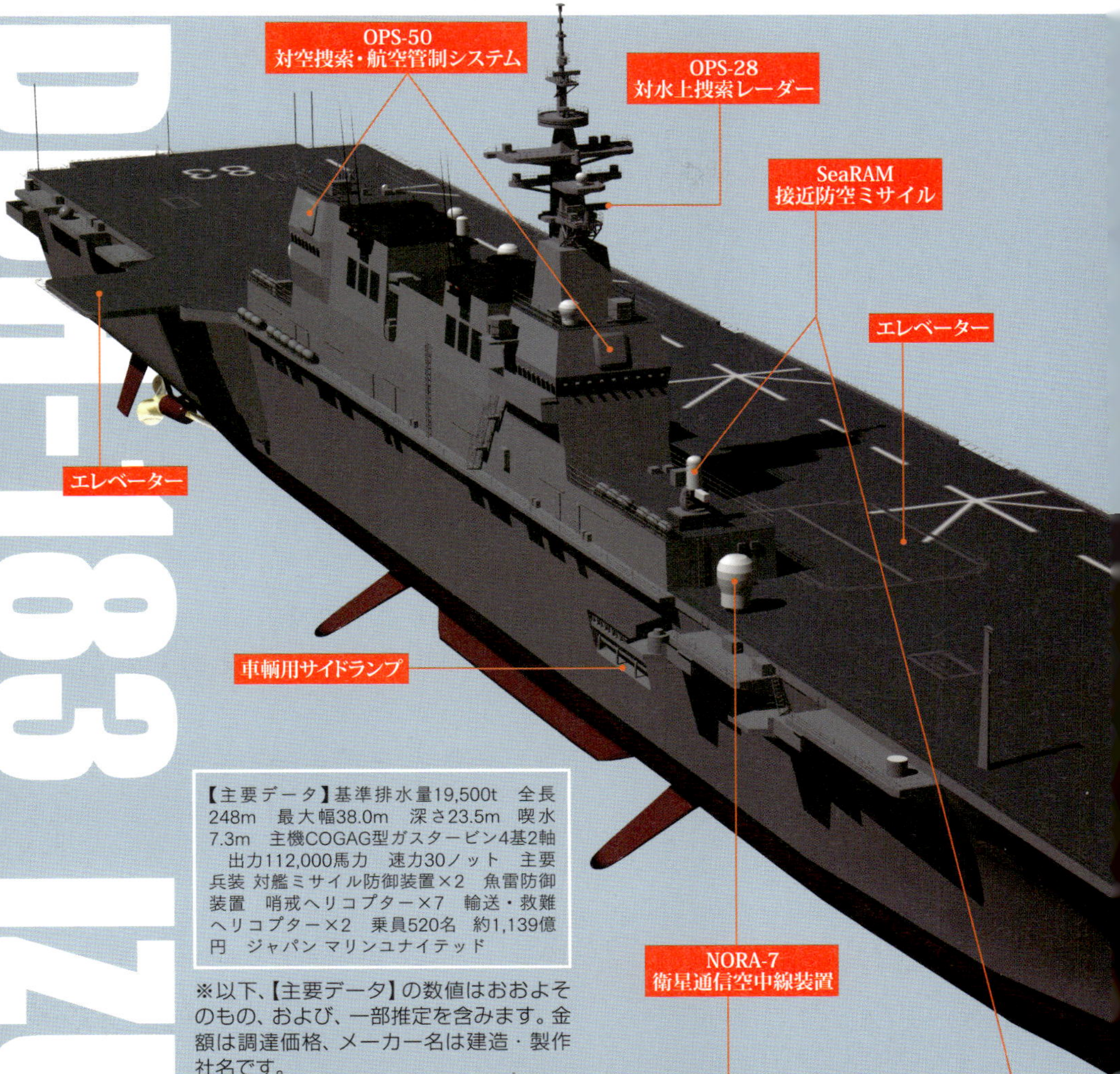

【主要データ】基準排水量19,500t　全長248m　最大幅38.0m　深さ23.5m　喫水7.3m　主機COGAG型ガスタービン4基2軸　出力112,000馬力　速力30ノット　主要兵装 対艦ミサイル防御装置×2　魚雷防御装置　哨戒ヘリコプター×7　輸送・救難ヘリコプター×2　乗員520名　約1,139億円　ジャパン マリンユナイテッド

※以下、【主要データ】の数値はおおよそのもの、および、一部推定を含みます。金額は調達価格、メーカー名は建造・製作社名です。

CG：藤井祐二

次期主力戦闘機

F-35A 戦闘機

F-35は現用のF-4EJ改の後継機として、2011年（平成23）12月20日に採用が決まった戦闘機である。この導入決定は、2004年に計画された中期防衛力整備計画に基づくもので、候補機のユーロファイター〝タイ

世界最新ステルス戦闘機の日の丸バージョン

JASDF
JAPAN AIR SELF-DEFENSE FORCE

フーン〟やF－15ストライクイーグルなどとともに評価・検討され、決定されたものである。ちなみにF－35は、統合打撃戦闘機という位置づけがされており、通常離陸型のA、垂直離発着型のB、空母搭載型のCという3つの型があり、日本・航空自衛隊が導入を決めたのはA型で、導入機数は42機とされている。

F－35は、F－22よりもステルス性が高く、大きさで言えば、全長、全幅、全高など多くの点で、F－22のほぼ80％の大きさにまとめられていて、超低視認性の技術も導入されているという。また、飛行中に発生する摩擦熱の発生に関しても、エンジン排気口周辺や機体の形状などから、対赤外線のステルス性も高められているという。

一方、搭載センサーも、AN／APS－81アクティブ電子走査アレイレーダーをはじめ、多くのレーダーが搭載されており、レーダーシステムも小型・軽量化が図られているという。また、機体全周を見張るAN／AAQ－37電子光学分配開口システムを装備しており、その情報は、パイロットのヘルメット装着表示システムにも表示されるようになっている。

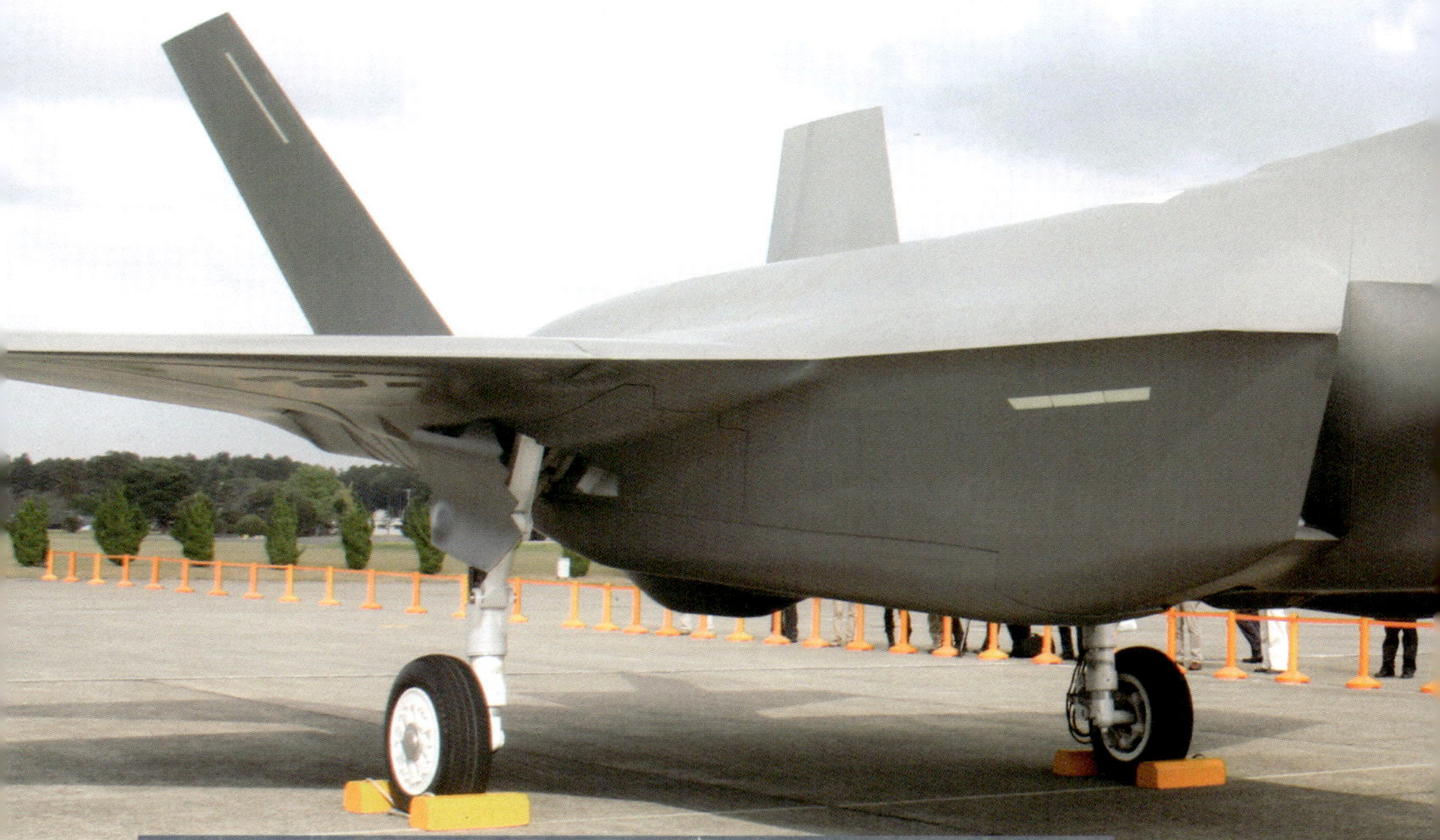

航空観閲式に特別出展したF-35Aのモックアップ。1/1スケールのモデルだ。（メインの写真も同じもの）

F-35のエンジンは、F-22用のF119をF-35用に改修して出力を約14%増加した、プラット&ホイットニーF135-PW-100アフターバーナー・ターボファンエンジンである。最大速度はマッハ1・7、航続距離は2220㎞といわれている。F-35は統合打撃戦闘機という位置付けから、搭載可能兵装は同じ第5世代戦闘機のF-22よりも多様化していて、空対空ミサイルや空対地ミサイルをはじめ、精密誘導爆弾、通常爆弾などが搭載可能だという。なお固定武装は、GAU-22/A 4砲身25㎜ガトリング砲である。

F-4EJの代替がF-35によって終了すると、F-15の後継機も必要となってくることから、世界的な戦闘機開発状況をみると、F-35の導入はもう少し増える可能性がある。製造が開始されれば、機体製造は三菱重工業、エンジンはIHI、電子機器は三菱電機が担当することが決まっている。

【主要データ】全長15.67m　全幅10.67m　全高4.39m　最大離陸重量31.8t　最大速度マッハ1.7　航続距離約2,220km　エンジン プラット&ホイットニーF135-PW-100　兵装類最大搭載重量8,165kg　固定武装 25mmガトリング砲　乗員1名 約150億円　米ロッキード・マーティン他

F-35A Fighter

モックアップと思えないほどの完成度。日の丸まで付いている。

CG：藤井祐二

陸上自衛隊

機動戦闘車

対テロ、島嶼防衛の新装備、タイヤを履いた戦車

JGSDF
JAPAN GROUND SELF-DEFENSE FORCE

近年、戦闘形態が大きく変わり、第2次世界大戦で行われた、エルアラメイン、クルスク、バルジといった〝戦車戦〟は発生しにくいようになってきた。そのため現在は、機動力と火力に特化した〝機動戦闘車〟が、注目を集めるようになっている。

自衛隊においても、現在、技術研究本部が中心となって機動戦闘車の開発を行っている。2013年（平成25）10月9日、技術研究本部陸上装備研究所において、その機動戦闘車の報道陣への公開が行われた。その際に配布されたプレスキットによると、機動戦闘車の開発目的は、「戦闘部隊に装備し、多様な事態への対処において、空輸性、路上機動性等に優れた機動力をもって迅速に展開するとともに、中距離域での直接照準射撃により、軽戦車等を含む敵装甲戦闘車両等を、撃破するために使用する機動戦闘車を開発する」としている。また、運用構想によれば機動戦闘車の特性について、〝島嶼部に対する侵攻事態対処〟では、作戦地域への空輸性、戦闘地域への機動展開、直接照準火力による撃破などを挙げている。また、〝ゲリラや特殊部隊による攻撃等対処〟では、路上での高速機動性、

2014年11月6日、大分県大在公共埠頭で撮影した、車長と操縦手用風防を備えた珍しいタイプ。向かうは奄美大島であった。

bat

普通科部隊の前進掩護、普通科部隊の突入支援などを挙げている。

ただ、この機動戦闘車の位置付けが、高い機動性を持つ火砲なのか、火砲を持った機動性の高い車輌なのか、はっきりしていないようだ。したがって、運用する部隊としては、偵察、特科、戦車、普通科など、さまざまな部隊がありそうだ。

機動戦闘車の開発は、2008（平成20）年度から始まり、計4回の試作が行われた。また、並行して2010年度ごろから技術試験も行われた。そして、試作段階が一段落した2013年に報道公開された。

2014年から2年ほど実用試験が行われており、2016年度末に装備化を予定している。

特に、2014年の九州方面を訓練域とした演習〝鎮西26〟で、機動戦闘車は奄美大島において、〝島嶼部に対する侵攻事態対処〟を主なテーマとする実用試験を行っており、試作4号車までが目撃されている。これらは2013年の報道公開時とは、風防やサイドミラーなどに違いが見られた。

2013年に公開された試作車をベースに、サイドミラーを取り付けたタイプ。

▼前ページと同車だが、この写真では、操縦手・車長用の風防がまだない。2013年の撮影。

【主要データ】
全備重量約26t　全長8.45m　全幅2.98m　全高2.87m　最高速度100km/h　エンジン水冷4サイクル4気筒ディーゼル機関　出力570馬力　乗員4名　105mm砲×1　12.7mm重機関銃×1　74式7.62mm機関銃×1　約7億円　三菱重工業

Maneuver Com Vehicle

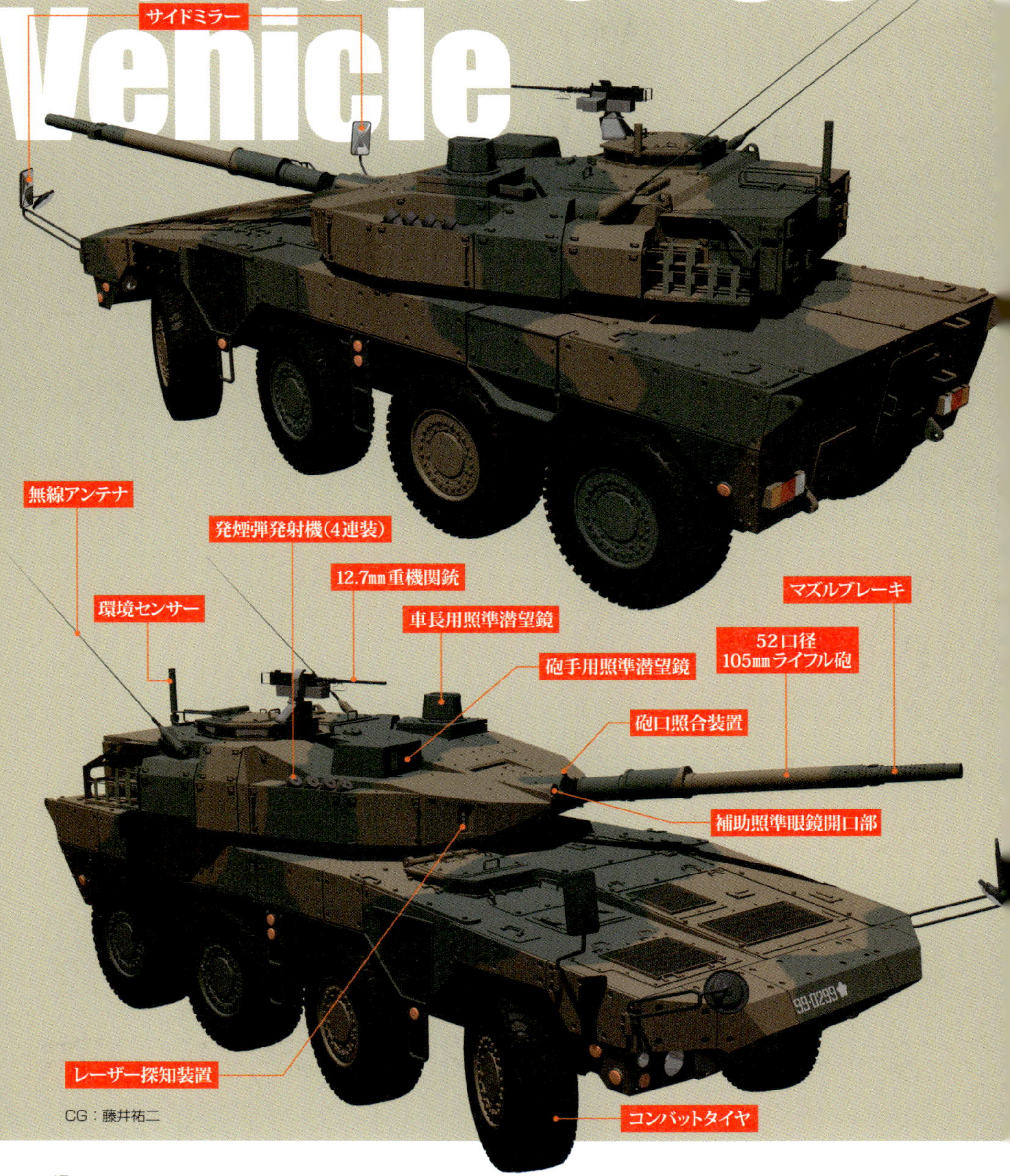

CG：藤井祐二

第6世代の国産ステルス戦闘機F-3の開発のための技術実証機

先進技術実証機
ADT-X

【主要データ】重量約13t RCS試験模型より 全長14.174m 全幅9.099m 全高4.514m 離陸重量8t（想定） エンジンIHI XF5-1 計画総開発費約394億円 三菱重工業

先進技術実証機（ＡＴＤ－Ｘ）は、防衛省の技術研究本部が三菱重工業と開発を行っている、先進技術実証用のステルス研究機である。簡単にいってしまうと、この飛行機自体はサンプル品といったところか。ステルス技術の研究・開発、小型化、新エンジン等をこの機体でテストするものだ。

防衛省では第5世代戦闘機のＦ－35の次世代、第6世代を国産で目指す計画。そのための研究機だ。２０１５年内に初飛行予定で、未来のＦ－３戦闘機の原型ともいえる。

The Latest & Strongest Equipment of the JSDF

【これからの自衛隊をになう!】最新&最強、注目装備ベスト5

2018年発足予定 上陸作戦専門部隊「水陸機動団」の新装備
AAV7RAW/RS
水陸両用車

【主要データ】全長 8.2m 全幅 3.3m 全高 3.3m 重量 21.8t（空車） 海上での航続距離 72km（最高速度約 13km/h）、地上での機動距離約 321km（最高速度約 72km/h） 12.7mm 重機関銃×1 40mm てき弾銃×1 乗員3名＋21名 約1億2500万円 英 BAE システムズ

陸上自衛隊に発足予定の上陸作戦専門部隊「水陸機動団（仮称）」のための参考品として購入した水陸両用車。アメリカ軍では30年以上前から運用している水陸両用の装甲車ＡＡＶ7のことである。現在は開発実験団と霞ヶ浦駐屯地で性能試験中だ。水上と陸上の両方での走行が可能で、島嶼部への要員輸送や上陸時に使用されるアメリカ海兵隊の装備である。陸上自衛隊が購入したＢＡＥシステムズ社製水陸両用車は、１９８０年代後期からの、車体前面に折畳式の波切板（前部が重いため浮上航行しやすくするためのボード）、左右ボディの付加装甲板が付く。海上での推進方式は高圧の水流を噴出するウォータージェットで水上を浮上航行する。

陸上自衛隊
主要装備 解説＆データ

JGSDF
JAPAN GROUND SELF-DEFENSE FORCE

世界最先端にして最強のIT戦車

総合火力演習でスラローム走行射撃する10式戦車。

10式戦車

【主要データ】全備重量44t　全長約9.4m　全幅約3.2m　全高2.30m　最高速度70km/h　エンジン水冷4サイクル8気筒インター・クーラー・ターボ・ディーゼル機関　出力1,200馬力　乗員3名　120mm滑腔砲×1　12.7mm機関銃×1　7.62mm機関銃×1　約10億円　三菱重工業

10式戦車は、1996年から防衛庁（当時、現防衛省）技術研究本部や三菱重工といった企業が中心になって部分開発を始め、2010年度に制式化された最新鋭の戦車で、陸上自衛隊の戦車としては四代目に当たる。

10式戦車の開発は2002年度から本格化し、主砲、エンジン、装甲、C4Iなど、さまざまな面で最新の技術が導入されている。

10式戦車は、油圧式の無段階変速機を採用している。それはエンジンの出力軸の回転数を任意に設定でき、伝達効率を高くできるもので、出力が90式戦車より低くても、全備重量が軽い分、高速走行が可能になっている。

10式戦車の最大の特徴がC4I（指揮、統制、通信、コンピュータ、情報）機能であろう。これにより陸自のネットワークに組み込まれ、戦車同士での情報の共有化が図られ、さらには普通科部隊との連携も可能となっている。将来的には、観測ヘリや戦闘ヘリとのネットワーク化も考えられているようだ。装甲は特殊な複合装甲を採用しており、装甲モジュールは外装式なので、修理・交換などアップデートを含め、改装や改良に対して容易に対応できるだろう。

2010年に制式化されて以来、富士学校や武器学校などの教育部隊に配備され、いわば教材となっていたが、実戦部隊へも配備が着々と進んでいる。

ソ連の脅威に備えた重厚な戦車

90式戦車

【主要データ】全備重量約50t　全長約9.8m　全幅約3.4m　全高2.3m　最高速度70km/h　エンジン水冷2サイクル10気筒ディーゼル機関出力1,500馬力　乗員3名　120mm滑腔砲×1　12.7mm機関銃×1　7.62mm機関銃×1　約11億円　三菱重工業

冬季迷彩した90式戦車。

90式戦車は、ソ連の脅威が考えられていた1980年代に、ソ連軍戦車に対抗できる戦車として開発された。1980年代に1次・2次の試作が行われ、1990年に制式化された。コンピュータ内臓の射撃指揮装置を搭載し、パッシブ方式の赤外線暗視装置による夜間射撃、砲安定装置の採用によって走行しながらの砲撃も可能である。

90式戦車は341輌ほどが調達され、先に述べたように、ソ連軍が上陸すると考えられた北海道へ優先的に配備され、第7師団、第2師団、第5師団（現旅団）、第11師団（現旅団）といった各師団に配備された。

▲稜線射撃する74式戦車。

日本独自のアイデア、隠れ撃ちが可能

74式戦車

【主要データ】全備重量約38t　全長約9.41m　全幅約3.18m　全高約2.25m　最高速度53km/h　エンジン空冷2サイクル10気筒ディーゼル機関出力720馬力　乗員4名　105mm戦車砲×1　12.7mm機関銃×1　7.62mm機関銃×1　約4億円　三菱重工業

74式戦車は、61式戦車の後継として開発・配備された戦車で、1974年に制式化された。

74式戦車の特徴となっているのが、油気圧式懸架装置を導入したことで、地形に合わせて車体を上・下・左・右に動かすことができ、射撃する際の暴露面積を小さくすることができる。さらに74式戦車の砲塔は、避弾経始、つまり弾をはじきやすくする曲線的なデザインが採用されている。1974年から1989年まで873輌を調達。約40年にわたって戦車の主力で、1990年代に近代化改修が計画されたが、5輌ほどで終わっている。

10名が乗り込む多機能装甲車

89式装甲戦闘車

【主要データ】全備重量約26.5t　全長約6.8m　全幅約3.2m　全高約2.5m　最高速度約70km/h　エンジン水冷4サイクル6気筒ディーゼル機関　出力600馬力　乗員3＋7名　35mm機関砲×1　7.62mm機関銃×1　79式対舟艇対戦車誘導弾発射装置×2　約6億円　三菱重工業

89式装甲戦闘車は、普通科（歩兵）部隊が戦車と共同して戦闘できるように、機動性と戦闘能力を持たせた装甲車である。

兵員輸送力としては乗員7名で、車長、射撃手、操縦手の操縦要員3名の計10名が乗り込む。7名の普通科隊員は制圧目標地域に近づくと、後部ハッチから下車して、普通科火器で戦闘を行うことになる。89式装甲戦闘車は、かなり有力な装備なのだが、予算面の問題から、2004年までに、68輌が生産・調達されただけで生産が終了している。そのため配備されているのは、北海道第7師団第11普通科連隊、教育部隊の富士学校、武器学校などに限られている。

◀車体後方に設置された、120mm迫撃砲。

迫撃砲を搭載した風変わりな装甲車

96式自走120mm迫撃砲

【主要データ】全備重量約23.5t　全長約6.7m　全幅約2.99m　全高2.95m　最高速度約50km/h　エンジン水冷2サイクル8気筒ディーゼル機関　出力411馬力　乗員5名　120mm迫撃砲×1　12.7mm機関銃×1　約2億2,000万円　日立製作所（車輌）

96式自走120㎜迫撃砲は、普通科部隊が所有する最大火力である120㎜重迫撃砲を、キャタピラ式の車輌に搭載して自走化を図ったものである。

開発は1992年から開始され、車体は92式地雷原処理車などをベースに使い、搭載している迫撃砲は、高機動車などで牽引する120㎜迫撃砲と同じものである。

配備されているのは、第7師団第11普通科連隊の重迫撃砲中隊のみという、たいへんレアな装備となっている。最近は、東富士演習場で開催される総合火力演習に登場している。

イラクから東日本大震災まで大活躍

96式装輪装甲車

【主要データ】全備重量約14.5t　全長約6.84m　全幅約2.48m　全高約1.85m　最高速度約100km/h　エンジン水冷4サイクル6気筒ディーゼル機関　出力360馬力　乗員2＋12名　40mm自動擲弾筒×1または12.7mm機関銃×1　約1億2,380万円　小松製作所

96式装輪装甲車は1992年から開発が行われ、1996年に制式化された普通科部隊用の装甲兵員輸送車で、接地面積を増やすことなどから8輪の外観が特徴である。当初は普通科の装備であったが、その機動性や防護力などから、最近では戦車部隊や施設部隊などにも配備されている。

なお2014年度予算概要によれば、『国際平和協力活動、島嶼部侵攻対処等に伴う各種脅威に対応するため、96式装輪装甲車の後継として、被輸送性及び機動性（悪路走行能力を含む）を有し、防護力等の向上を図った装輪装甲車(改)を開発』と明記されており、後継車輌が開発中。

かつて74式戦車に随伴した装甲車

73式装甲車

【主要データ】全備重量約13.3t　全長約5.8m　全幅約2.9m　全高約2.2m　最高速度約60km/h　エンジン空冷2サイクル4気筒ディーゼル機関　出力300馬力　乗員4＋8名　12.7mm機関銃×1　7.62mm機関銃×1　約1億円　小松製作所

73式装甲車は、先代の60式装甲車の後継として、1967年から開発が始まり1973年に制式化された。同じころに74式戦車も登場しているので、戦車と装甲車の組み合わせによる機甲機動戦闘が考えられたようだ。

防弾性向上のため鋼板に替えて軽合金装甲が採用され、事前の準備が必要だが浮航性があり、さらにNBC防御機能も付加された。

73式装甲車は338輌が調達され、第7師団を中心に、後に本州の部隊にも広く装備されるようになった。しかし、その後の89式戦闘装甲車や96式装輪装甲車の導入により、近年、退役が進んでいる。

上空の敵機を狙う、走る高射砲

87式自走高射機関砲

87式自走高射機関砲は戦車部隊などに随行して、防空任務を担う自走式の対空火器である。74式戦車の車体に、スイス・エリコン社の35㎜機関砲2門を、砲塔の両側面に装備している。機関砲と射撃統制装置の配置デザインに苦心しながら1987年に制式化した。砲塔後部には棒状の捜索レーダーと皿状の追随レーダー、さらにTVテレビカメラ型の光学センサーがついている。エレクトロニクスの塊で高価になったため、配備は第7師団や第2師団の高射特科部隊などに留まっている。

【主要データ】全備重量約38t　全長約7.99m　全幅約3.18m　全高約4.4m（レーダー起立時）　最高速度約53km/h　エンジン空冷2サイクル10気筒ディーゼル機関　出力720馬力　乗員3名　35mm機関砲×2　約15億円　三菱重工業

陸自の忍者、偵察専用装甲車

87式偵察警戒車

87式偵察警戒車は、偵察部隊に導入された、初の国産装輪装甲車である。大きな特徴は、スイス・エリコン社製の25㎜砲を搭載している砲塔を装備していることと、82式指揮通信車のファミリーとして6輪駆動となっている点だ。

乗員は車長、操縦手、射手、前部偵察員、後部偵察員の5名。87式偵察警戒車は火力と装甲が弱いとも言われており、威力偵察よりも通常の偵察任務に適した車輌である。

【主要データ】全備重量約15t　全長5.99m　全幅2.48m　全高約2.8m　最高速度約100km/h　エンジン水冷4サイクル10気筒ディーゼル機関　出力305馬力　乗員5名　25mm機関砲×1　7.62mm機関銃×1　約3億円　小松製作所

現場の指揮をとるためのコマンドカー

82式指揮通信車

82式指揮通信車は国産初の装輪装甲車で、師団や連隊などでのコマンドカーという位置付けになっている。指揮通信車なので、多様な無線通信機器を装備しており、AM系無線機と指揮官が用いるFM系無線機を搭載しているという。1974年から開発が開始され、1982年に制式化され、師団司令部、普通科連隊本部、特科中隊などの部隊に配備されている。

【主要データ】全備重量13.6t　全長5.72m　全幅2.48m　全高2.38m　最高速度約100km/h　エンジン水冷4サイクル10気筒ディーゼル機関　出力305馬力　乗員8名　12.7mm機関銃×1　約1億円　小松製作所

陸自最新のロングノーズりゅう弾砲

99式自走155㎜りゅう弾砲

【主要データ】全備重量約40t　全長約11.3m　全幅約3.2m　全高約4.3m　最高速度約49.6km/h　エンジン水冷4サイクル6気筒ディーゼル機関　出力600馬力　乗員4名　155mmりゅう弾砲×1　12.7mm機関銃×1　約9億6,000万円　三菱重工業

99式自走155㎜りゅう弾砲は、1970年代に開発・配備された75式自走155㎜りゅう弾砲の後継として開発されたものである。1992年から総合的な開発が進められ、1999年に制式化された。砲塔が載る車体部分は、89式装甲戦闘車をベースに転輪一組長くして、最大射程は30㎞を超えるという。砲弾と装薬の自動装填が可能で、3分間に18発の砲弾を発射できる。乗員は砲班長を兼ねる車長、砲手、装填手、操縦手の4名からなっている。配備されているのは、第2師団、第7師団、第5旅団、第11旅団といった部隊が中心で、残りは富士学校や武器学校といった教育部隊に配備されている。最大射程の実射訓練は、米国の演習場で行われる。

北海道に配備されるも今はほとんどが退役

75式自走155㎜りゅう弾砲

【主要データ】全備重量25.3t　全長約7.79m　全幅約2.98m　全高約2.55m　最高速度約47km/h　エンジン空冷2サイクル6気筒ディーゼル機関　出力450馬力　乗員6名　155mmりゅう弾砲×1　12.7mm機関銃×1　三菱重工業

75式自走155㎜りゅう弾砲は、野砲が自走化するという世界的な趨勢により、1969年から部分試作が始まり、1975年に制式化された。

最大発射速度は毎分6発で、射撃統制システムも当時では最新のものが導入されていた。北海道の各師団特科連隊（当時）に配備されたが、99式自走155㎜りゅう弾砲の整備が進み、そのほとんどが退役している。ちなみに、この75式自走155㎜りゅう弾砲とほぼ同じ頃、74式自走105㎜りゅう弾砲も開発された。しかし主流はすでに155㎜砲になっていたため、74式自走105㎜りゅう弾砲はわずか20輌のみが調達され、1999年まで使われた。

陸自最大級の「走る大砲」

203mm自走りゅう弾砲

【主要データ】全備重量約28.5t　全長約10.7m　全幅約3.15m　全高約3.14m　最高速度約54km/h　エンジン水冷2サイクル8気筒ディーゼル機関　出力411馬力　乗員5＋8名　203mmりゅう弾砲×1　約3億4,500万円　小松製作所

203㎜自走りゅう弾砲は、陸上自衛隊が持つ火砲のなかでも最大のものである。アメリカ陸軍でも、M110A2と呼称されて使用されている。陸自は203㎜自走りゅう弾砲と呼称しており、配備は1983年からであった。給弾と装填はある程度自動化されており、要員も先代の155㎜カノン砲は20名であったが、203㎜自走榴弾砲は13名と省力化されている。しかし自走砲そのものに乗り込めるのは5名までなので、残りは随従する87式砲側弾薬車などで移動する。調達は91輌で終了しており、各方面隊直轄の特科団部隊や富士学校に配備されているが、退役が進んでいくようだ。

導入から32年で480門の最多調達

155mmりゅう弾砲(FH70)

【主要データ】全備重量約9.6t　全長約9.8m（走行時）12.4m（射撃時）　口径155mm　砲身長約6m　発射速度6発／分　人員9名　約3億5,000万円　日本製鋼所

155㎜りゅう弾砲は牽引式の野戦砲で、師団・旅団の特科部隊の主力野砲として配備されている。日本では1983年から導入し、2001年まで約480門が調達された。装填は半自動で、発射速度は毎分6発。操作に必要な人員は9名である。最大射程は通常の砲弾で24000m、噴進弾を使用した場合は30000mになる。補助動力エンジンによって時速16㎞／hほどであるが、陣地進入や陣地転換などは自走が可能である。牽引する場合は、74式特大型トラックが使われる。自走式りゅう弾砲が北海道に多く配備されているのに対して、本州などの師団・旅団と富士学校に配備されている。

12式地対艦誘導弾は、88式地対艦誘導弾の後継として装備された最新装備である。

内陸から洋上の艦艇を狙う、配備準備中の最新ミサイル

12式地対艦誘導弾

【主要データ】(誘導弾)全長5m　胴体直径約350mm　重量約1.5t　有効射程100数十km　約19億円　三菱重工業

地対艦誘導弾は、侵攻して来る敵部隊の上陸を支援する艦艇を、遠方の洋上で撃破するものである。誘導弾であるSSM-1(改)は射程が延伸され、対電子戦能力や目標情報の更新能力、指揮統制能力などが向上しているという。12式は、まだ教材といった位置付けらしく、富士学校や武器学校などに配備されているが、実戦部隊への配備は2016年度に、西部方面を予定している。2013年の総合火力演習では「供試品」という表記で一般公開された。

初期パソコン時代に生まれた、事前プログラム誘導弾

88式地対艦誘導弾

【主要データ】(誘導弾)全長5m　胴体直径約350mm　重量約660kg　有効射程百数十km　三菱重工業

88式地対艦誘導弾は、地上から発射する対艦誘導弾で、航空自衛隊の80式空対艦誘導弾ASM-1をベースにして、1979年から開発が行われ、1988年に制式化したものである。

88式地対艦誘導弾は、海岸線を遠く離れた内陸から発射することができ、発射後の中間コースはプログラム誘導でコースを低空で飛行し、目標に近い終末期は、アクティブ・レーダー・ホーミングで自ら敵艦艇を探知・識別して、命中する。北部、東北部、西部、東部といった各方面隊の特科団隷下の地対艦ミサイル連隊に、1991年から配備されている。

03式中距離地対空誘導弾は、各方面の防空を担っていた対空ミサイル・ホークの後継として、方面隊高射特科群への配備が進んでいる装備で、1990年から開発が始まり、2003年に制式化された。システムとしては、射撃統制装置、レーダー装置、発射装置、装填装置、信号処理・電源装置といった8つの要素からなっている。誘導弾は6連装のランチャーに収まっており、発射の際は、ランチャーを直立状態にして行われる。レーダーは、アクティブ・フェイズド・アレイ式が採用されている。高射学校をはじめ、西部方面隊の第2高射特科群から配備が行われている。

長距離防空用と短距離防空用の中間を担う新型誘導弾

03式中距離地対空誘導弾

【主要データ】（誘導弾） 全長約4.9m 胴体直径約320mm 重量約570kg 約470億円（1個群分） 三菱電機

▶誘導弾自体は直径約14cm、全長1.4m、重量26kg。

中距離多目的誘導弾は、2012年から部隊への配備が始まった。誘導弾として、中距離での対舟艇、対戦車・装甲車輌・構造物までと幅広い多目的性を持っている。誘導弾の誘導方式は赤外線画像誘導およびレーザー・セミ・アクティブ誘導となっている。システムとしては、高機動車に6連装発射機と射撃指揮装置を搭載している。

空輸や空中投下も可能とされ、多目的性だけでなく機動性も有している。なお制式化ではなく、部隊使用承認という方法を採用したので、○○式という名称はついていない。最近の総合火力演習にも登場している。

市街戦や対ゲリラコマンド用ミサイル

中距離多目的誘導弾

【主要データ】全備重量3.9t 全長約4.8m 全幅2.2m 全高2m 標定方式 赤外線画像標定およびミリ波レーダー標定 誘導方式 赤外線画像誘導およびレーザー・セミ・アクティブ誘導 約4億1,000万円 川崎重工業

陸・空同時配備、陸自バージョンはトラックに搭載

11式短距離地対空誘導弾

【主要データ】（誘導弾）全長約2.93m　胴体直径約160mm　重量約103kg　東芝

81式短距離地対空誘導弾の後継で、2011年から調達が行われている。システムとしては、レーダー車である射撃統制装置1輌と、ランチャー車（写真）2輌で構成される。射撃統制装置の上部にはフェイズド・アレイ・レーダーを装備しており、旋回することで空域の警戒や目標探知を行う。誘導はアクティブ・レーダー・ホーミング方式で、精度向上によって飛翔速度が速くても対応は可能だという。搭載車輌は73式大型トラック。高射学校に教育用に配備されたのに続き、沖縄の第15旅団の高射特科連隊に配備。11式短距離地対空誘導弾は航空自衛隊でも基地防空用地対空誘導弾として使われている。

射手はテレビモニターを見ながら誘導

96式多目的誘導弾システム

【主要データ】（誘導弾）全長約約2m　胴体直径約160mm　重量約60kg　約27億円（1個射撃分隊分）　川崎重工業

96式多目的誘導弾は、79式対舟艇対戦車誘導弾の後継として、1985年から開発が行われた。この誘導弾は、対上陸戦闘においては海岸到着直前の上陸用舟艇などを撃破し、さらに地上戦闘においては、戦車など装甲車輌を撃破することを目的にしている。システムとしては、射撃統制装置、情報処理装置、地上誘導装置、発射機からなっており、発射機は高機動車をベースに、6連装ランチャーとして搭載している。誘導弾は赤外線シーカーで目標を捜索し、赤外線画像を射撃指揮装置に光ファイバーで伝達、射手はモニターで画像を見ながらコントロールし、目標に命中させる。

陸自は化学部隊の車輌として、化学防護車と生物偵察車の2種類の車輌をもっているが、その役割を1輌の車で行えるのがNBC偵察車である。具体的には、放射線の測定、気体・液体の有毒化学剤や生物剤の検知と識別、その汚染状況を分析するものである。さまざまなセンサーとサンプル採集用マジックハンドが、車体後部に収納されている。車体上面には、化学剤監視装置をはじめ生物剤検知用の取り入れ口、車内から操作できるリモコンタイプの12・7㎜機関銃がある。このNBC偵察車は、化学学校、中央特殊武器防護隊に配備され、さらに師団・旅団では第3師団、第4師団、第6師団などに配備されている。

核兵器にも対応する、最新防護偵察車

NBC偵察車

【主要データ】重量約19.6t　全長約8m　全幅約2.5m　車体高約3m　最高速度95km/h　乗員4名　12.7mm機関銃×1　約7億円　小松製作所

▶車体後部のマニピュレーターが地面に向かって動いている。

化学防護車は、汚染域内でも自由に行動できる装輪装甲車で、82式指揮通信車をベースに開発された。車輌後部には放射線測定器やガス探知器が装備されているほか、車体後部の右側には6軸のマニピュレーターが装備されており、車内からの操作で、汚染された土壌などのサンプリングができる。

1999年以降の調達分では風向センサーの形状が変更されたため、以降は化学防護車（B）と呼称される。中性子線への対応としては、パラフィン系の素材の遮蔽スクリーンを追加設置している。化学防護車は47輌ほどが調達され、中央特殊武器防護隊をはじめ、各師団などに配備されている。

地下鉄サリン事件にも出動

化学防護車(B)

【主要データ】全備重量約14.1t　全長約6.1m　全幅約2.5m　全高約2.4m　最高速度95km/h　乗員4名　12.7mm機関銃×1　約2億円　小松製作所

▲ライトガード等を外したフルオープン仕様。

和製ハンヴィー、トヨタの軍用メガクルーザー

高機動車

【主要データ】重量約2.64t　全長約4.91m　全幅2.15m　全高約2.24m　最高速度125km/h　エンジン4サイクル水冷ディーゼル　出力170馬力　登坂能力tanθ60%　乗員10名　約700万円　トヨタ自動車

高機動車は、普通科部隊の小銃要員の移動、120㎜迫撃砲の牽引など、その能力をさまざまに発揮している万能車輌である。米軍のハンヴィーに似ているが、民生品を使ったり、ラダーフレームを採用して耐久性を高めたりと、自動車メーカーらしい〝技〟が多く使われている。乗員の定数は10名で、4輌で1個小隊の要員を運ぶことが可能である。汎用車輌なので、車輌のボディは装甲されていない。固有の武装・火器は装備していないが、ロールバーに銃架を取り付けることで、MINIMIを装備することが可能である。普通科連隊を中心に配備が行われており、ほとんどの連隊で使用される。

乗用車サイズの装甲車

軽装甲機動車

【主要データ】重量約4.5t　全長4.4m　全幅2.04m　全高1.85m　最高速度100km/h　航続距離約500km　登坂能力tanθ約60%　乗員4名　約3,000万円　小松製作所

軽装甲機動車は、装甲された汎用性の小型車輌という点では、全く新しいタイプの装備品である。機甲力を重視した北海道の部隊というより、本州以南の普通科部隊の装甲化を考えて装備されたもので、1997年から開発され、2002年から部隊配備が行われている。開発に当たっては、C-130Hといった航空機での輸送が考慮されており、これは戦略機動を意識したようだ。配備以後毎年約20輌ずつが調達されおり、すでに1700輌ほどが装備されている。軽装甲機動車は部隊配備されて間もなく、イラク復興支援のために現地へ、銃座に防護盾を装備して派遣されている。

▶12.7mm重機関銃を装着した簡易武装型。ウィンドシールドも前方に倒している。

陸自の代表的ジープ

1/2tトラック

【主要データ】重量約1.97t　全長約4.14m　全幅1.79m　全高1.97m　出力92kW　最高速度135km/h　乗員6名　三菱自動車

1996年以降調達された73式小型トラックは、従来からのジープではなく、パジェロをベースにしたものである。市販のパジェロに、通信用アンテナポスト、小銃用ラック、灯火管制用ブラックアウトランプなどを備え、自衛隊向けになっている。更新が行われた理由は、都市部などの排ガス規制によるためと言われている。ちなみに市販のパジェロをベースにしているため、自衛隊車輌では珍しいエアコン装備となっている。荷台部分は用途に合わせて、連絡用の汎用のものや前線指揮官通信用など、いくつかのバリエーションがある。2001年に1／2tトラックと改称されている。

軍用オートバイはホンダからカワサキへ

偵察用オートバイ

【主要データ】（偵察用KLX250）重量117kg　全長2.13m　全幅0.88m　全高1.210m　最高速度135km/h　乗員1名　川崎重工業

偵察用オートバイは師団隷下の偵察隊に配備され、オートバイという機動性を活かしながら偵察行動を行うための装備品である。以前はホンダのオンロード系やオフロード系が使われていたが、現在は川崎重工業のKLX250という水冷エンジンのオフロード系が主流となっている。

偵察用オートバイは、偵察部隊が所属している駐屯地の創設行事などでオートバイドリルや模擬戦闘など、また、総合火力演習ではヘリに搭載して空輸され、偵察活動を開始する、さっそうとした姿を見ることができる。ここでは偵察用を紹介したが、警務隊も交通統制や車輌誘導にオートバイを使っており、こちらはヤマハ製オートバイが使われている。

高機動車に牽引可能な迫撃砲

120mm迫撃砲RT

120mm迫撃砲RTは、107mm迫撃砲の後継となる迫撃砲で、フランスのトムソン・ブーラント社で開発された、牽引式の重迫撃砲である。日本では1992年から豊和工業によってライセンス生産されている。普通科連隊の重迫撃砲中隊に配備され、底板を設置させることで射撃ができ、牽引式なので陣地変換も簡単である。砲身はライフルが刻まれた施条砲身で、高い射撃精度を持っている。弾薬は、榴弾、噴進弾、発煙弾、照明弾、対軽装甲弾が使える。牽引は高機動車で行う。通常の弾薬でも射程は8kmを超えるが、噴進弾を使用すれば射程は30kmにもなる。

【主要データ】口径120mm　重量約600kg　砲身長2.08m　最大射程約8.1km(通常弾)　最大発射速度15~20発/分　約1,100万円　豊和工業

イギリス生まれのスタンダード

81mm迫撃砲L16

81mm迫撃砲L16は、イギリス・ロイヤルオーディナンス社の開発した迫撃砲で、陸自では1992年からライセンス生産して、普通科連隊の普通科中隊に配備されている。脚(二脚)が非対称な形状になっているのが特徴となっている。運搬時には砲身、底板、脚の3つに分割でき、陸自では1/2tトラックが牽引するカーゴに積んで移動する。操作人員は1門に付き、班長、射撃手、砲手、副砲手の4名で、チームワークで1分間に15発も発射することができるという。小銃小隊を支援するために用いられるが、連続射撃で50m四方ほどを制圧できるといわれている。

【主要データ】口径81mm　重量約38kg　砲身長1.28m　最大射程約5.6km　最大射撃速度30発/分　約1,000万円　豊和工業

歴史あるドイツの無反動砲の末裔
110㎜個人携帯対戦車弾

110㎜個人携帯対戦車弾はドイツ製の使い捨ての携帯対戦車火器。通称パンツァー・ファウスト3と呼ばれ、成形炸薬弾頭のロケット弾を発射する。最大射程は移動目標で300m、固定目標で500mだという。

発射時に、弾頭と同じ質量のカウンター・マス（プラスチック片）が後方に放出される。これにより、後方への爆風を抑えることができ、狭い空間からも発射が可能である。陸自では、火器ではなく弾薬の分類・扱いになっている。

◀このように構える。別名「LAM（ラム）」とも言う。

【主要データ】口径60mm　重量13kg　全長約1.2m　有効射程500m（固定目標）　IHIエアロスペース

スウェーデンの肩射式無反動砲
84㎜無反動砲

84㎜無反動砲は、砲身にケブラーを使った複合素材で作られた、携行肩射式の無反動砲で、カール・グスタフと呼ばれる。以前から使用していた89㎜ロケットランチャーに替わるものとして、1979年からスウェーデンから輸入され、1984年からライセンス生産されている。

普通科連隊に配備され、主に対戦車用に使われるが、対戦車りゅう弾、りゅう弾、発煙弾、照明弾といった弾薬が使える、汎用性の高い装備となっている。

【主要データ】（84RR）口径84mm　重量14.2kg　全長約1.13m　発射速度4～5発／分　有効射程1,000m（りゅう弾）／700m（対戦車りゅう弾）　約1,000万円（M3）　豊和工業

写真はカールグスタフM2の84mm無反動砲（84RR）。

グレーネードランチャー・マシンガン
96式40㎜自動てき弾銃

自動てき弾銃は、手りゅう弾に匹敵する威力のてき弾を、連発して投射する機能を持つ火器のことである。96式40㎜自動てき弾銃は、諸外国のてき弾銃を参考に国産開発したもので、軽量・小型化され、1996年から配備が行われている。本来、96式装輪装甲車に搭載するように考えられていたが、三脚架を使って地上に置いて用いることも可能である。

【主要データ】口径40mm　重量約24.5kg　全長約975mm　発射速度約250～約350発／分　豊和工業

ミサイルで地雷を一斉誘爆
92式地雷原処理車

▶地雷原処理用ロケット弾の発射シーン。弾は全長4.7m、外形40cm、重量1t。

92式地雷原処理車は、地雷原処理用ロケットの発射装置を搭載した車輌で、地雷原を短時間で処理して、車輌等通路を開設する施設器材である。車体上に連装ロケット・ランチャーがあり、ロケット弾の中には、ワイヤーにつながれた26個の爆薬があり、発射後、地面上に降着した爆薬を爆破させることで、地上や地中に仕掛けられた地雷を一挙に誘爆、長さ約300m×幅約5mの通路を開設する。

【主要データ】全備重量約25.0t　全長約7.63m　全幅約3m　全高約2.77m　最高速度約50km/h　エンジン水冷2サイクル8気筒ディーゼル機関　出力411馬力　乗員2名　IHIエアロスペース

災害派遣の救世主
07式機動支援橋

▶架設車1輌・ビーム運搬車1輌・橋節運搬車4輌の構成になっている。

◀ビーム（梁）が架橋され、10式戦車が通過する。

07式機動支援橋は81式架柱橋の後継で作戦域の河川や地隙などに架設して、普通科、戦車・装甲車の機動を支援する架設器材である。架設車、橋節《きょうせつ》、ガイドビーム、橋体運搬車などの機材で一つのユニットを構成する。最長で60mの橋を架けることができるという。橋上は全床路型。また、架柱を必要としないので、河川の流速や河床の土質などに影響されることなく、架設できるのも特徴だ。

【主要データ】（橋節運搬車）　全備重量約25t　全長約11m　全幅3m　全高約3.7m　最高速度85km/h　乗員3名　日立製作所

機雷を撒く水陸両用車
94式水際地雷敷設装置

◀水上も走行する94式水際地雷敷設装置。

94式水際地雷敷設装置は、対上陸戦闘において、敵の上陸用舟艇などに対する地雷を、沿岸部や海岸線の浅い海中に敷設するものである。1990年から開発が始まり、1994年度に制式化された。車輌は水陸両用車で、陸上から走りながら海上（水上）に進み、その後はスクリューで行動する。なお、水際は〝スイサイ〟と読む。操縦には、大型特殊免許と船舶免許が必要である。

【主要データ】全備重量約16t（空車）　全長約11.8m　全幅2.8m（陸上時）・4.0m（水上時）　全高約3.5m　最大出力239kW　最高速度50km/h（陸上時）・11km/h（6ノット、水上時）　乗員3名　約5億円　ユニバーサル造船

変形・合体するロボット橋!?
92式浮橋

92式浮橋《ふきょう》は、動力ボート、橋節、それらの運搬車などからなる渡河装備である。90式戦車といった重量のある車輌を通過させることを目的に、1992年に制式化された。92式浮橋は、1セット14橋節から構成されており、最長104mの橋を架けられる。

▼①橋節を水面に滑り落とす。

▶②橋節は自動で展開し、フロートとして機能する。

【主要データ】（橋節運搬車） 全備重量約24.8t 全長約11m 全幅約2.99m 全高約3.8m 最高速度95km/h 日立製作所

折り畳み橋を搭載する戦車
91式戦車橋

91式戦車橋は67式戦車橋の後継で、74式戦車の車体をベースに、前後にスライドして二分割された橋梁部を載せたものである。二分割された軽合金製の橋は、油圧と電動モーターで動き、繰り出されて一体化することで強度が増す。

▼戦車橋が折り畳まれた状態で走行。

▼戦車橋を展開中。最大20mまで伸ばせる。

【主要データ】全備重量約41.8t 全長約10.9m 全幅約4m 全高約3.2m、乗員2名 橋長約20m 架設構造油圧・水平押出方式 約5億円 三菱重工業

陸自の整地作業車
グレーダ

【主要データ】重量約12t 全長約7.89m 全幅約2.38m 全高約3.52m ブレード板幅約3.7m×0.53m 走行速度前進最高42.6km/h・前進最低3.6km/h、後進最高43.3km/h・後進最低3.7km/h 三菱重工業

グレーダは、道路工事などの路面部分の整地作業を中心に使われる施設器材で、仕様はほぼ民生品と同じである。

前輪の後方部にブレードがあり、このブレードが路上面をならすことになる。路上をならす応用から除雪作業も可能である。

トンネル用ドリル装置
坑道掘削装置

坑道掘削装置は、ミサイル発射機や指揮所の掩体といった、坑道式の構築物を掘削するために使用する器材で、1分間で30回転ぐらいでドリルを回転させて掘り進む。方面隊隷下の施設部隊などに配備されている。実はこの装備は民生品であり、炭鉱やトンネル工事の現場などで使われている。

【主要データ】全備重量約30t 全長約14.9m 全幅2.8m 全高約1.8～3.5m 対象土質普通土・軟岩 掘削高約3～5m 掘削幅約3～6m 掘削断面約29平方m 平均掘削能力約30平方m／時 三井三池製作所

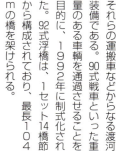

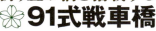

陸自制式採用ライフルは世界一高価で高性能

89式5.56㎜小銃

89式5・56㎜小銃は、64式7・62㎜小銃の更新用として開発・製造された。単発と連発の切り替え、3発点射（スリー・ショット・バースト）方式を採用しており、銃床に強化プラスチックを使うなどして、64式小銃よりも1kgほど軽量化され、部品点数も10パーセント少なくなっている。銃床には固定式と、空挺隊員など向けの折り曲げ式がある。

89式小銃用照準保護具（MD-33ダットサイト）は別予算である。

【主要データ】口径5.56mm　全長約920mm（固定銃床型）・約670mm（折り曲げ銃床型）　銃身長420mm　重量3.5kg　作動方式ガス圧利用　給弾方式弾倉式　発射速度最大約850発／分　約28万円　豊和工業

本物ソックリ、訓練用6㎜BBエアガン

閉所戦闘訓練用教材

閉所戦闘訓練用機材は、玩具メーカーの東京マルイが開発した、訓練用電動ガンである。従来の模擬戦闘訓練では、ペイントボールやバトラーが使われていたが、中隊規模の部隊の野戦には向いているが小隊規模や閉所での戦闘訓練には不向きであった。そこで開発されたのが、電動ガンの閉所戦闘訓練用機材である。実銃や教材、さらには市販向けのものと区別するために、銃床と銃把はオリーブドラブ色に塗られている。

写真は実銃と区別するように隊員によりオレンジ色で着色しているが、部隊によって色は違う。

【主要データ】全長916mm　銃身長433mm　弾丸6mmBB（0.2～0.28g）　動力源ミニバッテリー　約8万円　東京マルイ

幹部自衛官から各部隊へ配備中

9㎜拳銃

9㎜拳銃は、アメリカから供与された11・4㎜拳銃ガバメントの後継。後継が考えられたのは、11・4㎜拳銃そのものが旧式かつ大きく重く、射撃の反動も大きく、日本人には不向きなためである。1979年から試験が行われ、スイスのSIG社（当時傘下のドイツのザウエル&ゾーン社）のP220と決定し、ミネベアによってライセンス生産されるようになった。

【主要データ】口径9mm　全長206mm　銃身長112mm　重量830ｇ　作動方式反動利用、シングル・ダブルアクション　給弾方式箱弾倉／9発　発射速度50発／分　約22万円　ミネベア

海・空では現役の名銃
64式7.62㎜小銃

写真は航空自衛隊員が構える64式小銃。

64式7・62㎜小銃は、アメリカ軍から供与されたM-1ライフル銃に替わるものとして、1962年に研究開発され、1964年に仮制式化した国産小銃である。開発では、M-1ライフル銃よりも日本人の体格に合った軽量小型化が図られ、作動方式にはガス利用衝撃式、弾倉給弾方式で、自動と半自動の切り替えが可能となっている。口径は7・62㎜で、NATO弾も使用可能である。照準眼鏡なども併せて開発された。

【主要データ】口径7.62mm　全長約990mm　銃身長450mm　重量4.4kg　作動方式 ガス利用衝撃式　給弾方式 箱型弾倉20発　発射速度 最大約500発／分　持続10発／分　豊和工業

イスラエルUZIからインスパイアされて生まれた和製サブマシンガン
9㎜機関拳銃

9㎜機関拳銃は、11・4㎜短機関銃M3A1の後継として、1999年から調達が始まった国産のサブマシンガン。9㎜機関拳銃は大きめな拳銃といった感じで、それにフォアグリップを付けて用いる。作動方式はブローバックで、弾は拳銃用の9㎜パラベラム弾で、単発、連射の切り替えが可能であり、発射速度は毎分約1100発と高いという。空挺部隊指揮官を始め、火器操作手に配備されている。

【主要データ】口径９mm　全長約399mm　銃身長120mm　重量2.8kg　作動方式 単純吹き戻し式　弾倉25発入り　有効射程100m　発射速度約1,100発／分　約38万円　ミネベア

米軍から輸入の専用スナイパーライフル
対人狙撃銃

◀ギリースーツに身を包んだ陸自スナイパー。

対人狙撃銃は、以前は64式7・62㎜小銃を狙撃銃として使っていたが、それに替わってレミントン・アームズ社製のM24SWSが採用された。狙撃銃は、近年、狙撃の重要性が認識されて装備されることになり、多数ある狙撃銃の中からM24SWSが評価候補となり制式化された。単発のボルトアクション式のライフルで、手動連発、弾倉は5発入りである。

【主要データ】口径7.62mm　全長約1,092mm　重量約4.4kg　給弾方式 手動　弾倉容量5発　作動方式 手動（ボルトアクション）式　約61万円　米レミントン

世界トップクラスのミニミを国内ライセンス

5.56mm機関銃 MINIMI

【主要データ】口径5.56mm　全長約1,040mm　重量約7.01kg　給弾方式 弾倉・ベルト給弾式　発射速度750〜1,000発/分　約200万円　住友重機械工業

5・56mm機関銃MINIMIは、62式7・62mm機関銃の更新のため1993年に導入され、普通科部隊の小銃班で使われる軽機関銃である。もともとベルギーの銃器メーカーのファブリック・ナショナル社が開発した軽機関銃で、米軍でもM249として制式化。外観としては、ほぼ中央部にあるキャリングハンドルは、携行に便利で、銃身交換でも役立つ構造となっているという。発射速度は、標準の毎分750発と最大の1000発の切り替えができ、給弾はベルト給弾や200発が入っている箱型弾倉による方法、さらには30発の小銃用の弾倉がある。

歴史ある米軍機関銃

12.7mm重機関銃

【主要データ】口径12.7mm　全長1,654mm　銃身長1,143mm　重量38.1kg　給弾方式 リンク給弾　発射速度400〜600発/分　有効射程約1,000m（対地）・約700m（対空）　住友重機械工業

12・7mm重機関銃M2の原型は、米国のジョン・ブローニングによって第1次世界大戦末期に開発された水冷のM1で、その後に改良されてM2となり、米陸軍に採用され第2次世界大戦で使用された。現在でも各国の軍隊で50年以上も使われている傑作銃である。

空冷式・反動利用の自動火器で、リンク給弾方式によって発射速度は毎分約400〜600発である。装甲車輌などに装備して射撃するほか、地上から三脚架を使って対空砲火として使用する方法などがある。銃身長は1143mm、重量は約38kgもあるが、操作は容易となっている。有効射程は、対地用は約1000m。

世界最強・最新鋭のハイテクヘリ

戦闘ヘリコプター(AH-64D)

【主要データ】全長17.73m 全幅14.63(胴体5.7m) 全高4.9m 全備重量10.4t 最高速度約270km/h 航続距離約500km エンジンT700-701C 出力1,800馬力×2 乗員2名 30mm機関砲×1 対戦車ミサイルヘルファイア×8 空対空ミサイルスティンガー×4 70mmロケット弾 約52億円 富士重工業

戦闘ヘリコプターAH-64Dは、対戦車ヘリコプターAH-1Sの後継機として、2006年から導入された。62機の予定だった調達機数は防衛費の削減や調達価格の高騰などで、わずか13機で打ち切りになってしまった。日本独自の仕様としては、空対空ミサイル「スティンガー」の搭載がある。

「コブラ」の名を持つ戦闘・攻撃ヘリ

対戦車ヘリコプター(AH-1S)

【主要データ】全長約16.18m 全幅13.41m(ウイングスパン幅3.28m) 全高約4.19m ローター直径13.41m 全備重量約4.5t 最高速度約315km/h 航続距離約520km エンジンT53-K-703 出力1,134馬力 乗員2名 対戦車ミサイルTOW×8 70mmロケット弾 3銃身20mm機関砲×1 約48億円 富士重工業

対戦車ヘリコプターAH-1Sは、1970年代後期、脅威と考えられていたソ連軍の戦車部隊への打撃力向上を図るために導入された。1982年から量産が開始され、1986年から配備。操縦席はタンデム式で、前席は副操縦士で火器類を担当する。

「ニンジャ」と言われる俊足ヘリ

観測ヘリコプター(OH-1)

観測ヘリコプターOH-1は、OH-6観測ヘリコプターの後継機。メインローターにヒンジレスといわれる無関節型のローターハブシステムを採用して、操縦の応答性の向上を図っているという。このヒンジレスのローターハブは世界初の新技術といわれている。

【主要データ】全長13.4m 全幅11.6m(胴体1m) 全高約3.8m 全備重量約4t 最大速度約280km/h 航続距離約550キロ エンジンTS1-M-10 出力844馬力×2 乗員2名 対空ミサイル4発 約25億円 川崎重工業

ベトナム戦争でも使用された万能ヘリ

多用途ヘリコプター

【主要データ】全長17.44m 全幅14.69m 全高3.97m ローター直径14.69m 全備重量約4.76t 巡航速度約216km/h 航続距離約370km エンジンT53-K-703 出力1,800馬力 乗員2+11名 約12億円 富士重工業

多用途ヘリコプターUH-1は、陸自輸送ヘリにおける空飛ぶトラックという位置付けができるだろう。原型機の米国での初飛行は1956年ということから、ヘリコプターの歴史そのもの。陸自が導入したのは1961年のUH-1Bからで、出力1100馬力というものであった。

別名ブラックホーク、米軍では特殊作戦機としても運用

多用途ヘリコプター(UH-60JA)

【主要データ】全長19.76m 全幅16.36m(増加燃料タンク幅5.49m) 全高5.13m ローター直径16.36m 全備重量約10t 巡航速度約240km/h 航続距離約470km エンジンT700-IHI-401C 出力1,662馬力×2 乗員2+15名 約40億円 三菱重工業

多用途ヘリコプターUH・60JAは、陸上自衛隊が空中機動作戦から災害派遣まで多目的に使用する機体。特色の一つが、機体外に設置されている取り外し可能な燃料増加タンク。左右2本を満タンにすると、航続距離は450km増えて920kmになる。

世界最大の大型ヘリは半世紀経っても健在

輸送ヘリコプター(CH-47JA)

【主要データ】全長30.18m 全幅16.26m 全高5.69m ローター直径18.29m 全備重量約22.68t 最高速度約270km/h 巡航速度約260km/h 航続距離約1,040km エンジンT55-K-712 出力3,150馬力×2 乗員2+1(機上整備員)+55名 約35億円 川崎重工業

軽装甲機動車を吊り上げる輸送ヘリコプター。

CH・47JAは、以前から使用していたKV・107Ⅱの後継ヘリコプターで、1988年から導入されたものである。特徴は前部と後部に大きなローターを持っていることで機内がフラットに使え、大量の人員や物資が積み込めることである。

ビジネス機を偵察用に改造

連絡偵察機(LR-2)

【主要データ】全長14.22m 全幅17.65m 全高4.37m 巡航速度約440km/h 航続距離約2,900km エンジンPT6A-60A 出力1,050馬力×2 乗員2+8名 米ビーチクラフト

連絡偵察機は、陸上自衛隊が偵察活動や連絡飛行といった任務に使う固定翼機である。現在主力となっているのは、旧ビーチクラフト社製のLR・2で、原型のビジネス機に偵察用カメラなどを搭載したもの。キャビンはパイロット以外8名まで乗ることができる。

小さくても機動性はバツグン

観測ヘリコプター(OH-6D)

【主要データ】全長9.54m 全幅8.05m(スキット幅約2.07m) 全高2.73m ローター直径8.05m 全備重量1.61t 最高速度281km/h 巡航速度約240km/h 航続距離約460km エンジン250-C20B 出力350馬力 乗員1+3名 川崎重工業

観測ヘリコプターOH・6Dは、米国ヒューズ社が開発した小型のヘリコプター。操縦席からの視界が良いことから、パイロットの教育や指揮官クラスの移動、砲撃観測などでも使われる。このほか陸自のヘリコプターには、要人輸送ヘリEC・225LP、練習機TH・480Bがある。

観閲官の前を堂々と行進する、陸上自衛隊の普通科部隊。

自衛隊創設記念日は3自衛隊が持ち回り 中央観閲式

観閲式は自衛隊の創設を記念して、自衛隊記念日行事として行われるもので、隊員の使命の自覚と士気の高揚を図り、自衛隊の伝統を培うと共に、国民の自衛隊に対する理解と信頼を深める目的で行われるものである。陸上自衛隊の観閲式は、防衛庁（現・防衛省）・自衛隊が発足した昭和30年代初期から1972年（昭和47）まで、都内の明治神宮外苑の絵画館前で行われていた。都内交通量の増加などを理由に、以降、会場を埼玉県朝霞市と新座市に跨る朝霞駐屯地に移して行われるようになった。

その後、自衛隊記念日行事は1996年（平成8）からは、陸・海・空3自衛隊が持ち回りで行うことになり、陸上自衛隊の最近の観閲式は、中央観閲式と命名され、2013年（平成25）に行われている。

2013年に行われた観閲式は、観閲官は安倍晋三内閣総理大臣、主催者は小野寺五典防衛大臣（当時）、実施責任者は陸上幕僚長岩田清文陸将、執行者は東部方面総監磯部晃一陸将、観閲部隊指揮官は第1師団長反怖《たんぷ》謙一《けんいち》陸将（当時）、観閲飛行部隊指揮官は第1ヘリコプター団長田中重伸陸将補（当時）で、人員約4000名、部隊数28個、車輌約240輌、航空機約50機が参加している。

参加部隊の基本構成はほぼ同じだが、新規参加や観閲行進に違いがある場合があり、この年の新規参加部隊としては、西部方面普通科連隊と予備自衛官部隊が、新規装備品の参加は、10式戦車と中距離多目的誘導弾などであった。

観閲式は、大まかに次の順で進行する。観閲官である総理大臣が臨場し、儀仗隊栄誉礼が行われ、開式が宣誓され、栄誉礼が行われる。国旗掲揚の後、観閲官の整列している各部隊への巡閲が行われ、観閲官から各部隊への訓示があり、徒歩行進、観閲飛行、車輌行進と続く。国旗降下、閉式、儀仗隊栄誉礼が再び行われ、観閲官が退場して終了する。

観閲式の見どころは、なんといっても観閲行進部隊の行進であろう。最初に行われるのが徒歩部隊による行進で、陸・海・空合同音楽隊を先頭に、観閲部隊本部、防衛大学校学生隊、防衛医科大学校学生隊、高等工科学校生徒隊といった学生部隊が行進する。さらに、普通科部隊、空挺部隊、海上自衛隊部隊、航空自衛隊部隊、高等看護学院学生隊、陸・海・空の女性自衛官部隊の各隊が続く。

徒歩行進が終わると観閲飛行となる。飛行部隊15群が、観閲飛行部隊指揮官機のCH-47J／JAを先頭に、OH-6D、OH-1、UH-1J、AH-1S、UH-60JA、AH-64D、CH-47J／JA、LR-2といった順で陸上自衛隊機が飛来、続いて海上自衛隊機のUS-1A／2、P3-C、U-36Aが、そして再び航空自衛隊機のC-130H、F-2A／B、F-15J／DJが飛来している。

地上では、車輌部隊の行進が行われた。車輌部隊は最近話題になる部隊が先頭になっているようで、2013年度の観閲式では、ハイチ地震災害派遣（国際連合ハイチPKO派遣〝MINUSTAH〟）や南スーダンへの国連軍としての派遣〝UNMISS〟が話題になったことからか、国際派遣部隊が先頭であった。続く部隊としては、偵察科、普通科、即応予備自衛官、予備自衛官、施設科、通信科、化学科、衛生科、需品科、情報科、西部方面普通科連隊、空自ペトリオット、高射特科、野戦特科、戦車の順であった。空自ペトリオット以外は、すべて陸上自衛隊の車輌に乗って登場した。

観閲官である内閣総理大臣は、自衛隊の最高指揮官でもあるため、徒歩、飛行、車輌といった各部隊の観閲行進は、最高指揮官の目前を通るということもあって統制が見事に取れており、一糸も乱れない行進に、自衛隊の精鋭ぶりが伺えるであろう。観閲式はあくまでも式典ということで、防衛省・陸上自衛隊からの招待者以外の一般公開はされていない。なお式典終了後には関連行事として、音楽隊の演奏会や装備品展示が行われる。

2013年度の観閲式は、日米の連携をアピールしてか、米軍の水陸両用車AAV7が装備品展示の一つとして登場し、陸上自衛隊が導入すると考えられたこともあり（実際に後に導入している）、来場者の注目を集めた。

2013年度の自衛隊創設記念観閲式で初登場した10式戦車。この観閲式は各国の駐在武官も招待されており、彼らの目に10式戦車はどのように映ったのだろう。

観閲官の安倍内閣総理大臣に対して、儀仗隊栄誉礼を実施する第302保安警務中隊の特別儀仗隊。なお、杖は常用漢字ではないので、公式には“儀じょう隊”と表記される。

総火演は当日のほか予行日も数日あり、予行日には富士学校に入校中の学生や、防大や防衛医大の学生も来場する。

砲撃を行う10式戦車。富士学校富士教導団の戦車教導隊に所属している戦車である。

後段演習のクライマックスとなる、全装備が参加する陸・空が一体化して行う戦果拡大の様子。

演習が終わって装備品展示が始まり、新装備となった10式戦車をカメラに収める来場者たち。

総合火力演習

毎年開催、真夏の実弾公開演習

総合火力演習は、略称で〝総火演〟とも呼ばれ、静岡県は東富士演習場において毎年8月下旬に行われる、国内最大規模の実弾射撃演習である。総合火力演習は本来、1961年（昭和36）に、普通科（歩兵）、機甲科（戦車）、特科（火砲）の隊員を教育する機関である富士学校において、入校中の学生教育の一環として、陸上自衛隊が保有するさまざまな火器の効果と、総合的な火力戦闘の様相を認識させるために始まったものである。1966年以降からは、陸上自衛隊を理解してもらうため、広く国民に公開されるようになった。

まず、前段演習として陸上自衛隊が所有する主要装備の紹介が行われる。遠距離火力として特科火砲を中心に、中距離火力として迫撃砲や各誘導弾などが、近距離火力として小火器系の普通科火力といった順である。さらに、ヘリ火力、対空火力、戦車火力と続く。登場する装備品は、概ね会場右手から登場し、中央の観覧席前で射撃を行ってから左手に下がるといった流れである。その後、整地と音楽隊の演奏が行われ、続いて後段演習となる。これは統合による作戦および攻撃の場を通した、諸職種が協同した戦闘の様相を展示するもの。

最近は離島防衛をテーマに展示しており、洋上における対艦攻撃を始めとする部隊配置、先遣部隊や各次展開部隊の機動展開、島嶼部に機動展開した部隊による奪回といった流れである。

時間的には、前段演習が10時から11時ごろまで、後段演習が11時20分ごろから12時ぐらいまでで終了する。さらに13時ごろからは、前段・後段の各演習に登場した装備品の展示が、観客席前の演習展示場で行われる。

演習の規模について2014年（平成26）に行われたものを例にすると、参加人員約2300名、主要装備品として、戦車・装甲車が約80輌、各種火砲約60門、航空機約20機、その他車輌は約600輌であった。国民に公開はしているものの、会場のキャパシティから入場は事前の抽選制となっており、抽選の倍率は24倍であった。

海上自衛隊
主要装備 解説＆データ

JMSDF
JAPAN MARITIME SELF-DEFENSE FORCE

DDH-181ヘリコプター搭載護衛艦「ひゅうが」。

全通甲板でシルエットは軽空母

『ひゅうが』型護衛艦

▼こちらは2番艦のDDH-182「いせ」。

【主要データ】基準排水量13,950t　全長197m　最大幅33m　深さ22m　喫水7m　主機COGAC型ガスタービン4基2軸　出力100,000馬力　速力30ノット　主要兵装 VLS装置一式　水上発射管×2　高性能20mm機関砲×2　哨戒ヘリコプター×3　乗員約380名　約1,057億円　アイ・エイチ・アイ マリンユナイテッド

護衛艦『ひゅうが』型は、海上自衛隊初の全通甲板を持つヘリコプター搭載護衛艦である。海上自衛隊は1970年代から、対潜水艦の運用として、ヘリコプター搭載護衛艦の整備を図り、護衛艦8隻、ヘリコプター8機からなる〝八八艦隊〟*4個の整備を進めた。その中核がヘリコプター3機搭載型護衛艦「はるな」「ひえい」「しらね」「くらま」の4隻で、就役後、約40年にわたって活躍した。

そして、時代の変化に対応し、発展した技術を取り入れたヘリコプター搭載護衛艦の建造が計画され、2005年計画艦として建造されたのが、護衛艦『ひゅうが』型であった。

「ひゅうが」の建造は、起工が2006年、竣工は2009年3月18日であった。基準排水量は13950t、艦容としては全通甲板を持ち、艦橋などの上部構造物は右舷中央部にまとめられ、搭載機用エレベーターが上部構造物の前方と後方の甲板上にある。搭載ヘリはSH-60Kヘリ3機、掃海・輸送ヘリ1機だが、最大11機を搭載することができる。

『ひゅうが』型は、対潜水艦運用以外にも、島嶼防衛の支援のほか、災害派遣や国際平和維持活動においても重要な任務を担っている。

「ひゅうが」と同型艦の「いせ」という組み合わせは、旧海軍の戦艦で、航空戦艦の「伊勢」と「日向」もあり、艦艇と航空機の新しい関連を創ったという共通点がある。

●「ひゅうが」型ヘリコプター搭載護衛艦DDH(Helicoptrer Destroyer)DDH-181「ひゅうが」／DDH-182「いせ」

＊八八艦隊＝1970年代の構想で、護衛艦8隻、ヘリコプター8機でひとつの護衛隊群を編成する。(DDH1隻［ヘリ3機搭載］、DDG2隻、DD5隻［各ヘリ1機搭載］。DDGにはヘリは搭載しないため計8機)

DDH-144ヘリコプター搭載護衛艦「くらま」。

海自初、高性能20mm機関砲を搭載

『しらね』型護衛艦

【主要データ】基準排水量5,200t　全長159m　最大幅17.5m　深さ11m　喫水5.3m(「くらま」は5.5m)　船型 長船首楼型　主機スチームタービン2基2軸　出力70,000馬力　速力32ノット　主要兵装 54口径5インチ単装速射砲×2　アスロック　3連装短魚雷発射管×2　短SAMランチャー　高性能20mm機関砲×2　哨戒ヘリコプター×3　乗員約350名(「くらま」は約360名)　アイ・エイチ・アイ マリンユナイテッド

護衛艦『しらね』型は、先代『はるな』型の拡大改良型のヘリコプター搭載型護衛艦で、3機のヘリコプターを搭載した。また、艦上に配備している各兵装をコンピュータで統合した、海上自衛隊初のシステム艦であった。これにより、各兵装の効率的な運用が可能になったという。また、個艦防空用対空ミサイルのシースパロー発射機や曳航式アレー・ソーナー・システム(TASS)を装備した最初の艦でもあった。国産ソーナーOQS-101や三次元レーダーOPS-12も装備していた。就役時、搭載ヘリコプターはHSS-2であったが、現在はSH-60J哨戒機となっているので、搭載機に合わせて、着艦用ベアトラップ*も換装されているという。2番艦「くらま」とともに、就役以降、「しらね」はヘリコプター搭載護衛艦を代表する艦として護衛隊群の旗艦になり、それぞれ活躍した。

ちなみに、2015年3月に「しらね」が退役した。同型艦の「くらま」が練習艦隊の国内巡航の旗艦となり、3月に退役したばかりの「しらね」と、舞鶴港内で同型艦2隻が揃うという懐かしい組み合わせを見せた。

かつては「くらま」も護衛艦隊旗艦として司令部機能を備えていたが、旧海軍のように艦隊を率いて行動するケースはほとんどなくなり、旗艦という役割は消滅した。司令部は陸上に移っている。

●「しらね」型ヘリコプター搭載護衛艦DDH(Helicoptrer Destroyer)DDH-144「くらま」／※「しらね」は退役

*ベアトラップ=ヘリコプター用着艦拘束装置。

DDG-177ミサイル護衛艦「あたご」。

【主要データ】基準排水量7,750t　全長165m　最大幅21m　深さ12m　喫水6.2m　主機COGAC型ガスタービン4基2軸　出力100,000馬力　速力30ノット　主要兵装イージス装置一式　62口径5インチ砲　VLS装置一式　SSM装置一式　水上発射管×2　高性能20mm機関砲×2　乗員約310名　約1,475億円　三菱重工業長崎造船所

2世代目のイージス艦にして世界最大級の排水量を誇る

『あたご』型護衛艦

護衛艦『あたご』型は、最新のイージスシステムを搭載する改『こんごう』型で、『たちかぜ』型の代替として建造された艦である。『こんごう』型との大きな違いは、マストの形状と、艦後部に格納庫を持っていることである。それにより、全長は『こんごう』型より4mほど長くなり、排水量も500tほど大きくなっている。また、後方を向く二面のSPY-1Dレーダーの設置場所が、艦後部にヘリ格納庫を配置したため、前方を向いた二面より上方に置かれている点も、違う点としてあげられるだろう。艦前部の62口径5インチ砲は、『こんごう』型がOTOメララ製であったのに対し、『あたご』型は米『アーレイ・バーク』級が搭載している、Mk.45 Mod.4 5インチ砲となっている。対空ミサイルとアスロックが発射できるVLS(垂直発射)装置は、艦橋前に64セル、後部格納庫上32セルが配置され、計96セルとなったが、『こんごう』型とは配置数が前後で逆になっている。

『あたご』型には同型艦として、2008年に就役した「あしがら」がある。これでイージス艦は6隻目となった。『こんごう』型のBMD*(弾導ミサイル防衛)機能付加工事が終了したことで、今度は『あたご』型の番となるであろう。

※以下、本書では、艦艇の搭載火器は、海上自衛隊の標準表記に則り、米系砲はインチ、イタリア系砲は㎜で表記している。

●『あたご』型ミサイル護衛艦DDG(Guided Missile Destroyer)DDG-177「あたご」／DDG-178「あしがら」

＊BMD=Ballistic Missile Defence

垂直発射システムMk.41 mod.20 VLS。

【主要データ】基準排水量7,250t　全長161m　最大幅21m　深さ12m　喫水6.2m　船型 平甲板型　主機COGAC型ガスタービン4基2軸　出力100,000馬力　速力30ノット　主要兵装 イージス装置一式　127mm単装速射砲　VLS装置一式　SSM装置一式　3連装短魚雷発射管×2　電波探知妨害装置一式　対潜情報処理装置一式　高性能20mm機関砲×2　乗員約300名　約1,223億円　三菱重工業長崎造船所

DDG-174ミサイル護衛艦「きりしま」。

和製『アーレイ・バーク』級、海自初のイージス艦

『こんごう』型護衛艦

護衛艦『こんごう』型は、艦隊防空の能力向上を目的にイージスシステムを搭載した艦である。レーダー覆域は数百km以上で、10の目標に対して同時対処が可能で、搭載しているスタンダード対空ミサイルは最大射程100km以上となっている。その対空ミサイル発射装置と、対潜ロケットであるアスロック発射装置は、VLS方式となっている。艦姿は米海軍のイージス駆逐艦の『アーレイ・バーク』級に似ており、6層の艦橋構造物には、イージス艦の代名詞ともいえる八角形のフェイズド・アレイ・レーダーのSPY-1Dが設置されている。さらに船体は電波、音波、熱線に対するステルス性を備えている。艦首部には127mm速射砲が置かれ、艦後部はSH-60J/Kが着艦できる甲板となっているが、格納庫は持っていない。主機はCOGAG方式ガスタービン4基を備え、出力は10万馬力、最大速力約30ノットという。

『こんごう』型は1番艦の「こんごう」を含め4隻の同型艦があり、3番艦の「みょうこう」は1998年の北朝鮮のテポドン発射時の警戒において、飛行航跡を捕らえていたという。『こんごう』型4隻は、BMD機能の付加工事を行い、4隻とも終了している。イージスとは、ギリシャ神話の中で最高神ゼウスが娘アテナに与えたという盾であるアイギスのこと。この盾はあらゆる邪悪を払うとされる。

●「こんごう」型ミサイル護衛艦DDG(Guided Missile Destroyer)DDG-173「こんごう」/DDG-174「きりしま」/DDG-175「みょうこう」/DDG-176「ちょうかい」

護衛艦『はたかぜ』型は、海上自衛隊のミサイル護衛艦第3世代目の艦で、『たちかぜ』型では後甲板にあった対空ミサイルランチャーMk13を前甲板に配置し、あいた後甲板をヘリコプター発着艦甲板としている。この配置により、ミサイルは前方の視界が広まり、ヘリコプターの対潜水艦戦への利用も可能となった。ちなみに、波浪からミサイルランチャーを防護するために、艦首にブルワーク(艦首に設けられた消波板)を設けている。発射できるミサイルはスタンダードSM-1である。

主砲は54口径5インチ単装速射砲で、このタイプの砲塔を2門も艦の前後に装備しているのは、この『はたかぜ』型のみとなってしまった。どこかクラシカルな〝砲塔〟のイメージを持つ、54口径5インチ単装速射砲を装備する艦が少なくなっているのは、時の流れといったところであろうか。

主機はミサイル護衛艦ではじめてのオールガスタービン4基で、COGAC方式を採用している。巡航中はスペイ*を、高速時にオリンパスを駆動させて、出力72000馬力を発揮し、速力30ノットを出すことが可能である。ガスタービンは4基だが、煙突はその排気筒を一つにまとめた、太めで印象的な形態になっている。

『はたかぜ』型には、同型艦として「しまかぜ」がある。2隻とも30年近い艦齢である。

ガスタービンエンジン、スタビライザーを初搭載したミサイル護衛艦

『はたかぜ』型護衛艦

【主要データ】基準排水量4,600t(「しまかぜ」は4,650t) 全長150m 最大幅16.4m 深さ9.8m 喫水4.8m 船型 平甲板型 主機COGAC型ガスタービン4基2軸 出力72,000馬力 速力30ノット 主要兵装 54口径5インチ単装速射砲×2 誘導弾発射装置 SSM装置一式 アスロック装置一式 3連装短魚雷発射管×2 高性能20mm機関砲×2 乗員約260名 三菱重工業長崎造船所

クラシカルな前後の主砲が目を引く。

DDG-171ミサイル護衛艦「はたかぜ」。

●「はたかぜ」型ミサイル護衛艦DDG(Guided Missile Destroyer)DD-171「はたかぜ」/DD-172「しまかぜ」

＊エンジンはスペイを2基、オリンパスを2基装備(ともにロールスロイス製)。

DE-229護衛艦「あぶくま」。

1999年能登半島沖 不審船事件で 不審船を追跡！

『あぶくま』型護衛艦

【主要データ】基準排水量2,000t　全長109m　最大幅13.4m　深さ7.8m　喫水3.8m　船型 平甲板型　主機 CODOG型ガスタービン2基　ディーゼル2基2軸　出力27,000馬力　速力27ノット　主要兵装 62口径76mm速射砲　SSM一式　アスロック装置一式　三連装短魚雷発射管×2　高性能20mm機関砲乗員　約120名　約250億円　三井造船玉野事業所

護衛艦『あぶくま』型は、基準排水量2000t型のDE級護衛艦で、地方隊の中核を担う艦である。1番艦「あぶくま」は1989年12月に竣工した艦で、同時期に建造を行っていた『はつゆき』型護衛艦と比べると、対空ミサイルと哨戒ヘリコプター搭載機能を持っていないものの、同じ目的であるDEの『いすず』型や『いしかり』型より、対潜能力や防空能力の向上が図られている。

なお『あぶくま』型は河川の名を採った同型艦が6隻あり、2007年度末の体制移行で、全艦とも地方隊直轄艦から護衛艦隊直轄艦になっている。

海自最高速の ウォータージェット 護衛艦

『はやぶさ』型ミサイル艇

ミサイル艇『はやぶさ』型は、航続能力と不審船対処能力を向上させた局地防衛用の新型艇である。海上自衛隊は創設以来、魚雷艇やミサイル艇といった高速の小型艇も導入しており、『はやぶさ』型は魚雷艇やミサイル艇といった高速艇としては4代目になる。

1999年に能登半島沖で発生した、北朝鮮工作船に対する海上警備行動発令が出される不審船事件の反省から、速力は44ノットと増加された。

『はやぶさ』型は、6隻の同型艇があり、現在では、北海道・余市、舞鶴、佐世保に2隻ずつ配備されている。

【主要データ】基準排水量200t　全長50m　最大幅8.4m　深さ4.2m　喫水1.7m　ガスタービン3基3軸　出力16,200馬力　速力44ノット　主要兵装 62口径76mm速射砲　SSM一式　ウォータージェット推進装置　乗員21名　約95億円　三菱重工業下関造船所

PG-824ミサイル艇「はやぶさ」。

●「あぶくま」型護衛艦DE(Escort Vessel)DE-229「あぶくま」／DE-230「じんつう」／DE-231「おおよど」／DE-232「せんだい」／DE-233「ちくま」／DE-234「とね」
●「はやぶさ」型ミサイル艇PG(Patrol Gunboat)PG-824「はやぶさ」／PG-825「わかたか」／PG-826「おおたか」／PG-827「くまたか」／PG-828「うみたか」／PG-829「しらたか」

DD-115汎用護衛艦「あきづき」。

【主要データ】基準排水量5,050t 全長151m 最大幅18.3m 深さ10.9m 喫水5.4m 船型 平甲板型 主機COGAG型ガスタービン4基2軸 出力64,000馬力 速力30ノット 主要兵装 127mm単装速射砲 VLS装置一式 SSM装置一式 3連装魚雷発射管×2 高性能20mm機関砲×2 哨戒ヘリコプター 乗員約200名 約750億円 三菱重工業長崎造船所

CG：藤井祐二

小粒でもぴりりと辛い、和製イージス艦

『あきづき』型護衛艦

護衛艦『あきづき』型は、退役が進む『はつゆき』型の代替として建造された艦であるが、護衛艦群の防空を担うイージス艦が、弾道ミサイル防衛（BMD）やその対処任務に当たっている際、航空機や潜水艦、または水上艦から攻撃を受ける可能性があり、それらイージス艦や護衛艦隊を護る役割を担う、汎用ながら防空能力を高めた護衛艦として、調達・建造されたものである。

船体的には『たかなみ』型護衛艦を基準に建造されたが、艦橋と後部構造物上にフェイズド・アレイ・レーダーFCS-3Aが配備されている。FCS-3Aは『ひゅうが』型護衛艦に搭載された同タイプの改良型で、OYQ-11戦術情報処理装置などと共に、新しい戦闘システムを構成している。FCS-3AとMk41 VLSから発射される艦対空ミサイルの発展型シースパローにより、イージス艦や護衛隊群、さらには個艦防衛・防空を行うことになる。VLSは32セルである。

このように、『あきづき』型は防空を考慮した護衛艦だが、旧海軍でも防空を主な任務にした駆逐艦が存在し、艦名は同じ『秋月』型であった。なお『あきづき』型護衛艦には、1番艦の「あきづき」に続き、「てるづき」「すずつき」「ふゆづき」の同型艦があり、4個護衛隊群に1隻ずつ配置されている。魚雷防御に新装備も導入されている。

↗●『むらさめ』型護衛艦DD（Destroyer）DD-101「むらさめ」／DD-102「はるさめ」／DD-103「ゆうだち」／DD-104「きりさめ」／DD-105「いなづま」／DD-106「さみだれ」／DD-107「いかづち」／DD-108「あけぼの」／DD-109「ありあけ」 ●『たかなみ』型護衛艦DD（Destroyer）DD-110「たかなみ」／DD-111「おおなみ」／DD-112「まきなみ」／DD-113「さざなみ」／DD-114「すずなみ」

日本初！ オール・ガスタービン機関(COGOG)を採用

『はつゆき』型護衛艦

DD-132汎用護衛艦「あさゆき」。

『はつゆき』型は、1960年代の『みねくも』型や『たかつき』型護衛艦の代替艦として計画されたもので、対潜ヘリコプターHSS-2、短SAM、アスロック、76㎜速射砲を装備した汎用護衛艦である。

【主要データ】基準排水量2,950t(8番艦「やまゆき」以降3,050t) 全長130m 最大幅13.6m 深さ8.5m 吃水4.4m 船型 長船首楼型 主機COGOG型ガスタービン4基2軸 出力45,000馬力 速力30ノット 主要兵装 62口径76mm速射砲×1 SSM装置×1 短SAM装置一式 アスロック装置一式 3連装短魚雷発射管×2 哨戒ヘリコプター×1 高性能20mm機関砲×2 乗員約200名 住友重工追浜造船所浦賀工場

SH-60J初搭載の汎用護衛艦

『あさぎり』型護衛艦

DD-151汎用護衛艦「あさぎり」。

『あさぎり』型は、護衛艦隊の中核を担うべく、『はつゆき』型護衛艦と同じ構想で建造された。しかし、フォークランド紛争での戦訓から、艦上部構造物のアルミ合金をスチール化したため、排水量は500t大きくなっている。

【主要データ】基準排水量3,500t(「はまぎり」以降3,550t) 全長137m 最大幅14.6m 深さ8.8m 喫水4.5m 船型 長船首楼型 主機COGAG型ガスタービン4基2軸 出力54,000馬力 速力30ノット 主要兵装 62口径76mm速射砲 短SAM装置一式 SSM装置一式 アスロック装置一式 3連装短魚雷発射管×2 高性能20mm機関砲×2 哨戒ヘリコプター 乗員約220名 石川島播磨重工業東京第1工場

艦橋構造の設計を見直したステルス護衛艦

『むらさめ』型護衛艦

DD-107汎用護衛艦「いかづち」。

【主要データ】基準排水量4,550t 全長151m 最大幅17.4m 深さ10.9m 喫水5.2m 主機COGAG型ガスタービン4基2軸 出力60,000馬力 速力30ノット 主要兵装 62口径76mm速射砲 VLS装置一式 SSM装置一式 3連装短魚雷発射管×2 高性能20mm機関砲×2 哨戒ヘリコプター 乗員 約170名(「いなづま」以降165名) 約609億円 石川島播磨重工業東京第1工場

『むらさめ』型は、近代化護衛艦隊の標準である『はつゆき』型護衛艦の能力不足と老齢化が予想されたため、新型護衛艦として計画されたものである。排水量は4550tとなり、『あさぎり』型より省人化を実現。

主砲を持たないDDHを守る、大型の127㎜砲を搭載

『たかなみ』型護衛艦

DD-132汎用護衛艦「たかなみ」。

【主要データ】基準排水量4,650t 全長151m 最大幅17.4m 深さ10.9m 喫水5.3m 主機COGAG型ガスタービン4基2軸 出力60,000馬力 速力30ノット 主要兵装 54口径127mm速射砲 VLS装置一式 SSM装置一式 3連装短魚雷発射管×2 高性能20mm機関砲×2 哨戒ヘリコプター 乗員約175名(「すずなみ」約180名) 約644億円 住友重機械工業追浜工場

『たかなみ』型は、『むらさめ』型の改良発展型である。大きな違いは備砲の76㎜速射砲を127㎜砲に強化し、水上打撃力を強化したことである。また、前後にあるVLSをMk41に変更している。

●「あきづき」型護衛艦DD(Destroyer)DD-115「あきづき」／DD-116「てるづき」／DD-117「すずつき」／DD-118「ふゆづき」 ●「はつゆき」型護衛艦DD(Destroyer) DD-129「やまゆき」／DD-130「まつゆき」／DD-132「あさゆき」／※「はつゆき」～「はるゆき」までは退役 ●「あさぎり」型護衛艦DD(Destroyer)DD-151「あさぎり」／DD-152「やまぎり」／DD-153「ゆうぎり」／DD-154「あまぎり」／DD-155「はまぎり」／DD-156「せとぎり」／DD-157「さわぎり」／DD-158「うみぎり」 ↗

『そうりゅう』型潜水艦

スウェーデンに次ぐスターリングエンジン搭載の最新潜水艦

『そうりゅう』型は、基準排水量2950tで、世界最大のディーゼル潜水艦といわれる。『そうりゅう』型の特徴となっているのが、AIP（非大気依存推進）機関を搭載していることである。

AIP機関には複数の方式があり、その中でもスターリングエンジンは、酸素とケシロンの燃料による熱によってガスを膨張・圧縮させてピストンを作動させるため、機関内で爆発をさせる必要がないので静粛性が高く、発電方法も長時間の潜航にも優れているようだ。このスターリングエンジンは、練習潜水艦「あさしお」に搭載し、その有効性を確認して実用艦に搭載されたという。

【主要データ】基準排水量2,950t　全長84m　最大幅9.1m　深さ10.3m　喫水8.5m　主機ディーゼル2基　スターリング機関１式　推進電動機1基　出力8,000馬力　速力20ノット　主要兵装 水中発射管一式・シュノーケル装置　乗員約65名 約533億円　三菱重工業神戸造船所

SS-506潜水艦「こくりゅう」。

『ちよだ』型潜水艦救難母艦

潜水艦への補給と、深海の潜水艦を助ける二役を兼ねる

潜水艦救難母艦『ちよだ』型は、先代の潜水艦救難艦「ちはや」の代替として、1981年度計画で建造された艦である。大きな相違点として、従来の潜水艦乗組員の救助装置であった、レスキュー・チェンバーと呼ばれる大きな釣鐘状のものから、深海救難艇（DSRV）と呼ばれる、深深度での救難専用艇を艦中央に装備していることである。深海救難艇を稼働させるには、船体中央にあるプールに似たセンターウエルと呼ばれるエントリー口があり、大きなクレーンで海中に昇降させる。また「ちよだ」は、飽和潜水方式による深海潜水装置を持っている。

【主要データ】基準排水量3,650t　全長113m　最大幅17.6m　深さ8.5m　喫水4.6m　船型 船首楼型　主機ディーゼル2基2軸　出力11,500馬力　速力17ノット　深海潜水装置一式・深海救難艇×1　乗員約120名 三井造船玉野事業所

AS-405潜水艦救難母艦「ちよだ」。

●「そうりゅう」型潜水艦SS (Submarine) SS-501「そうりゅう」／SS-502「うんりゅう」／SS-503「はくりゅう」／SS-504「けんりゅう」／SS-505「ずいりゅう」／SS-506「こくりゅう」　●※「ちよだ」型は一隻のみ

『おやしお』型潜水艦

水中吸音材と側面アレイ・ソナーを装備した葉巻型潜水艦

『おやしお』型は1998年から配備が始まった潜水艦で、『ゆうしお』型や『はるしお』型で採用した涙滴《るいてき》型から、葉巻型の艦姿となっている。船体自体をセンサーとするフランク・アレイ・ソナーを装備し、艦首のバウソナー、艦尾部のTASSといった三つのセンサーにより、全周の測的が可能になるなど、索敵能力が向上している。また、ゴム状の音波吸収材を装着して静粛性を高めたほか、船体の傾斜角によりステルス化も図るなどしている。艦首先端部に6門の魚雷発射管を集中して配備し、発射管からは魚雷のほか、ハープーン対艦ミサイルも発射できる。

【主要データ】基準排水量2,750t 全長82m 最大幅8.9m 深さ10.3m 喫水7.4m 船型 複殻式（一部単殻） 主機ディーゼル2基 推進電動機1基 1軸 出力7,700馬力 速力20ノット 主要兵装 水中発射管一式 シュノーケル 乗員約70名 約522億円 川崎造船神戸工場

SS-590潜水艦「おやしお」。

『ちはや』型潜水艦救難艦

手術室やX線撮影室も新設した3代目潜水艦救難艦

潜水艦救難艦「ちはや」は、初代から数えて3代目となる潜水艦救難艦で、潜水艦救難用の深海救難艇のほか、捜索用に無人潜水艇*（ROV）も搭載、運用するという。そのほかにも、深海救難装置、深海潜水装置、大気圧潜水装置、捜索ソーナー、海底調査装置などを装備している。また、艦橋には、護衛艦のCICに相当するRICがあり、救難作業が一元的に統合されている。

このように装置を装備したことにより、排水量は5400tを超える大型艦となった。医務室や手術室などの医療関連の装備も充実しており、医療機能は大きく向上しているという。

【主要データ】基準排水量5,450t 全長128m 最大幅20m 深さ9m 喫水3m 主機ディーゼル2基2軸 出力19,500馬力 速力21ノット 深海救難装置一式 乗員約125名 三井造船玉野事業所

ASR-403潜水艦救難艦「ちはや」。

●「おやしお」型潜水艦SS（Submarine）SS-590「おやしお」／SS-591「みちしお」／SS-592「うずしお」／SS-593「まきしお」／SS-594「いそしお」／SS-595「なるしお」／SS-596「くろしお」／SS-597「たかしお」／SS-598「やえしお」／SS-599「せとしお」／SS-600「もちしお」 ●※『ちはや』型は一隻のみ

＊ROV=Remotely Operated Vehicle

２番艦の「しもきた」。

LST-4001輸送艦「おおすみ」。

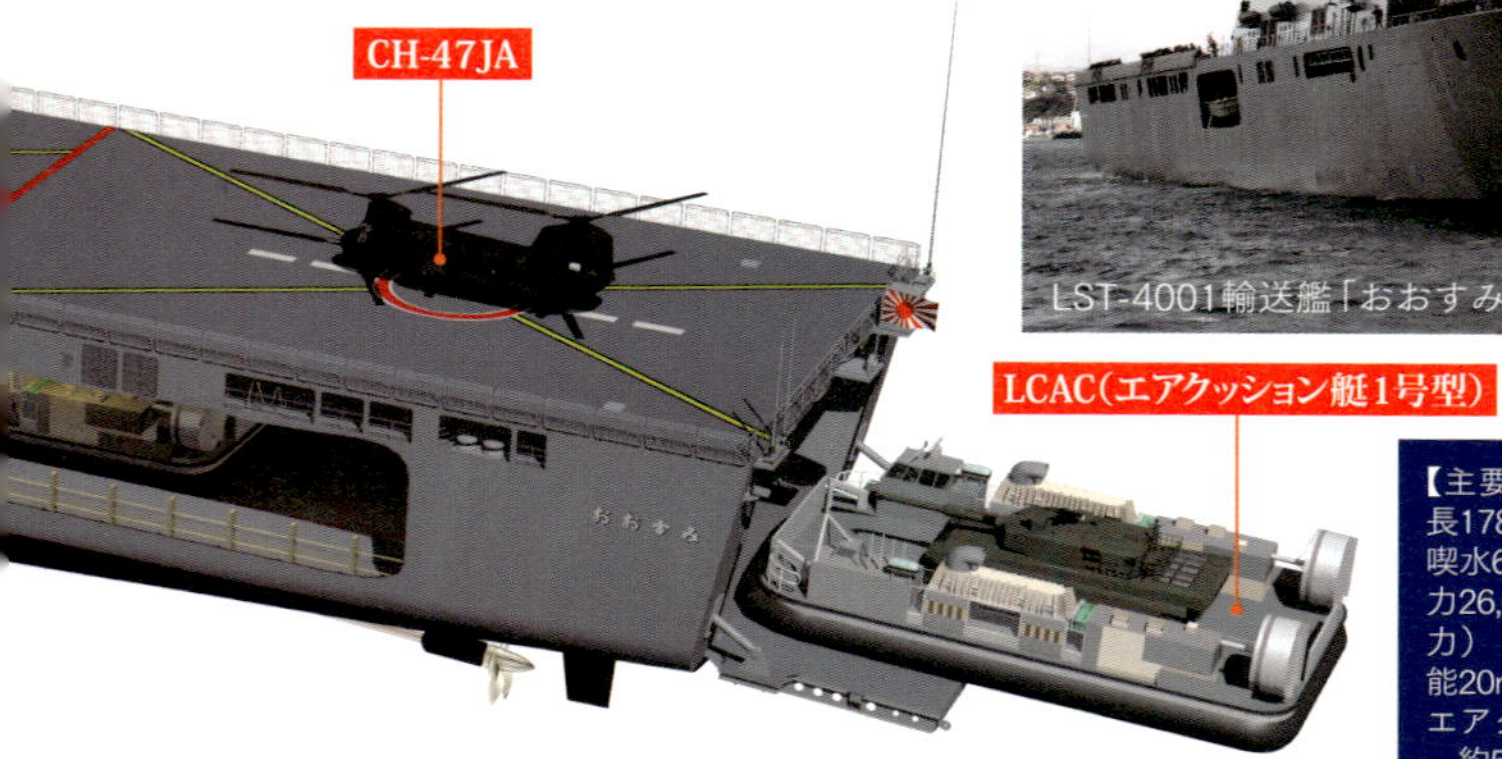

【主要データ】基準排水量8,900t　全長178m　最大幅25.8m　深さ17m　喫水6m　主機ディーゼル2基2軸　出力26,000馬力（「しもきた」26,400馬力）　速力22ノット　主要兵装 高性能20mm機関砲×2　特殊装置輸送用エアクッション艇×2　乗員約135名　約503億円　三井造船玉野事業所

『おおすみ』型から発進、水陸両用ホバークラフト

『エアクッション艇1号』型

【主要データ】基準排水量85t　全長約24m　最大幅約13m　深さ（数値なし）　喫水0.7m　主機ガスタービン4基2軸　出力15,500馬力　速力40ノット　積載能力約50t　乗員5名　約66億円　米テキストロン・マリン&ランドシステムズ

LCAC-2106「エアクッション艇6号」。

▲これも「エアクッション艇6号」。海浜から陸地に上がったまま陸上を走行して移動することも可能。兵員や物資を揚陸する。

『エアクッション艇1号』型は、2基のガスタービンにより、艇下部のスカート内に空気をため込み、それを海面に吹き付けて浮上し、船尾にある大型のプロペラを2基のガスタービンで推進動力にして前後進する、ホバークラフトである。輸送艦『おおすみ』型に2隻ずつ搭載され、LCAC（エルキャック）とも呼ばれる。当初は国産が計画されたが、米国から輸入調達することになった。従来の輸送艦が海岸に乗り上げて物資を揚陸するのと違って、海上から海岸線奥の砂地まで入り込むことができるようになり、高速な輸送が可能。適性上陸地を選ばない利点がある。

●「おおすみ」型輸送艦LST（Tank Landing Ship）LST-4001「おおすみ」／LST-4002「しもきた」／LST-4003「くにさき」　●「エアクッション艇１号」型LCAC（Landing Craft Air Cushion）LCAC-2101エアクッション艇1号／LCAC-2102エアクッション艇2号／LCAC-2103エアクッション艇3号／LCAC-2104エアクッション艇4号／LCAC-2105エアクッション艇5号／LCAC-2106エアクッション艇6号

CG：藤井祐二

海自初の全通甲板で揚陸能力が向上、新DDHの前身

『おおすみ』型輸送艦

『おおすみ』型輸送艦は、1972年に竣工した『あつみ』型の代替艦である。陸自部隊の輸送やPKO活動の海上基地といった役割を想定し、それに対応するため、エアクッション艇と輸送ヘリを組み合わせたドック型揚陸艦の必要性から建造された。艦姿の特徴として全通甲板となっており、艦後部にヘリコプター発着用甲板を、艦前部に車輌甲板を、右舷中央部に艦橋を配置している。

艦内部は前部が輸送要員の居住地区と車両格納庫、後部はLCAC2隻のドック型格納庫となっている。車輌は、岸壁に横付けして船体左右にあるサイドランプを開いて搭載するが、艦内に入って直ぐのところにターンテーブルがあり、向きを変更して格納庫に収容される。また艦首寄りにはエレベーターがあり、これで甲板まで車輌・物資を送る。搭載能力としては、90式戦車10輌と完全装備の陸自普通科3個中隊約330名を運べるという。

なお、艦後半のドック型格納庫は、LCACの運用から海水注入ができることから、50t型交通艇の入渠搭載運用が可能だという。また、最近では離島防衛のための部隊輸送を始め、水陸両用車を搭載できるように、各艦で改良がされているという。輸送艦には半島の名が用いられており、1番艦でネームシップの「おおすみ」に続き、2番艦「しもきた」、3番艦「くにさき」という同型艦がある。

人員200名、物資25tを搭載可能

『1号』型輸送艇

LCU2002輸送艇「2号」。

【主要データ】基準排水量420t、全長52m　最大幅8.7m　深さ3.9m　喫水1.6m　主機ディーゼル2基2軸　出力3,000馬力　速力12ノット　主要兵装 20mm機関砲×1　乗員28名　佐世保重工業

『1号』型輸送艇は平底箱型の船型を持ち、沿岸や離島へ輸送を主任務とする。車輌甲板はオープン・ウエルデッキのコンパクトな設計がなされている。輸送艇「1号」は佐世保地方隊に、輸送艇「2号」は横須賀地方隊に、それぞれ配備されている。

●『輸送艇1号』型LCU（Landing Craft Utility）LCU-2001「輸送艇1号」／LCU-2002「輸送艇2号」

洋上のガソリンスタンド、2代目補給艦

『とわだ』型補給艦

【主要データ】基準排水量8,100t(「ときわ」「はまな」は8,500t) 全長167m 最大幅22m 深さ15.9m 喫水8.1m(「ときわ」「はまな」は8.2m) 主機 ディーゼル2基2軸 出力26,000馬力 速力22ノット 洋上補給装置一式・補給品艦内移送装置一式 乗員約140名 日立造船舞鶴工場

補給艦『とわだ』型は、「はまな」や「さがみ」といった補給艦の代替艦として建造され、基準排水量が3000t以上大型化したが、これは護衛艦をはじめとする海自艦にガスタービン艦が増えたり、航海の長期化、ヘリ搭載によるヘリ用燃料の増大、弾薬や食糧といった物資が増大してきたからである。船体の構造は一般商船のタンカーに準じているが、船型は遮浪甲板型で、そのため補給作業の甲板が海面からかなり高い位置となり、荒天時でも補給作業の能率が高い。また、甲板後部には大型ヘリMH-53Eも着艦できるヘリ甲板がある。

AOE-423補給艦「ときわ」。

インド洋派遣では世界各国の軍艦に給油した大型補給艦

『ましゅう』型補給艦

補給艦『ましゅう』型は全長が221mもあり、それは護衛艦『ひゅうが』型よりも大きく、護衛艦「いずも」ができるまで、自衛艦で全長は一番の艦であった。『とわだ』型より一挙に5000tも大型化し、13500tとなった。補給艦としての機能は『とわだ』型と大きな違いはないが、米海軍とのインターオペラビリティやPKO、在外邦人の輸送、災害派遣など、その用途は幅広い。さらに医療施設も充実しているという。補給艦では初めてガスタービンを主機に採用したので、「ましゅう」では24ノットを発揮、護衛艦艦隊との随伴力も高められている。

【主要データ】基準排水量13,500t 全長221m 最大幅27m 深さ18m 喫水8m 主機ガスタービン2基2軸 出力40,000馬力 速力24ノット 洋上補給装置一式・補給品艦内移送装置一式 乗員約145名 約451億円 三井造船玉野事業所

AOE-425補給艦「ましゅう」。

●「とわだ」型補給艦AOE(Fast Combat Support Ship)AOE-422「とわだ」/AOE-423「ときわ」/AOE-424「はまな」
●「ましゅう」型補給艦AOE(Fast Combat Support Ship)AOE-425「ましゅう」/AOE-426「おうみ」

潜水艦隊の航路啓開が主任務の世界最大級の木造軍艦

⚓『やえやま』型掃海艦

【主要データ】基準排水量1,000t　全長67m　全幅11.8m　深さ5.2m　喫水3.1m　船型 船首楼型　主機ディーゼル2基2軸　出力2,400馬力　速力14ノット　主要兵装 20mm機関砲×1　深深度掃海装置一式　乗員約60名　日立造船神奈川工場

掃海艦『やえやま』型は、高性能化された機雷、深深度に敷設された機雷などを排除・掃海することを目的に、1989年度計画で建造が行われた。船体や上部構造物は従来型の掃海艇と同じく木製で、世界でも最大級の木造軍艦である。深深度係維機雷用の探知機（SQQ-32）や掃海装置（S-8）、処分具（S-7）2型のほか、中深度用の磁気・音響掃海具、水中処分具を装備している。機雷掃海・掃討で必要とされる情報のやり取りを充実させるために、人工衛星を用いた精密航法、指揮支援装置を搭載している。大きなデッキハウス、深深度用の大型電纜《でんらん》リールなども外観上の特徴である。

MSO-301掃海艦「やえやま」。

機雷戦にも対応、大型・ステルス掃海母艦

⚓『うらが』型掃海母艦

掃海母艦『うらが』型は、老朽化した機雷敷設艦「そうや」の、同型艦「ぶんご」は掃海母艦「はやせ」の代替として建造された艦である。母艦としての機能を充実させたので、それぞれ前身の2倍近い大型艦となった。性能としては掃海艦艇への補給支援と機雷敷設で、また、掃海隊群の指揮艦としての能力も持っている。艦橋構造物は傾斜をつけたものとなって、ステルス性が考慮されている。浅海海域での掃海・掃討指揮能力の強化、C4Iの充実、航続距離の延伸なども図られている。また後部甲板にはヘリ甲板があり、掃海ヘリMH-53Eの離発着が可能となっている。

MST-463掃海母艦「うらが」。

【主要データ】基準排水量5,650t（「ぶんご」5,700t）　全長141m　最大幅22m　深さ14m　喫水5.4m　船型 平甲板型　主機ディーゼル2基2軸　出力19,500馬力　速力22ノット　主要兵装 機雷敷設装置一式　乗員約160名　約297億円　日立造船舞鶴造船所

●「やえやま」型掃海艦MSO（Mine Sweeping Ocean）MAO-301「やえやま」／MAO-302「つしま」／MSO-303「はちじょう」
●「うらが」型掃海母艦MST（Minesweeping Tender）MST-463「うらが」／MST-464「ぶんご」

第5世代の中核を担った
『うわじま』型掃海艇

掃海艇『うわじま』型は、240tの『あただ』型、340tの『たかみ』『かさど』型、380tの『はつしま』型、440tの『はつしま』型に続く第5世代の掃海艇である。『うわじま』型の1番艇「うわじま」は、1990年12月に就役し、同型艇として9艇が建造された。

MSC-679掃海艇「ゆげしま」。

【主要データ】基準排水量490t　全長58m　最大幅9.4m　深さ4.2m　喫水2.9m　主機ディーゼル2基2軸　出力1,800馬力　速力14ノット　主要兵装 20mm機関砲×1　掃海装具一式　乗員約40名　約84億円　日立造船神奈川工場

湾岸戦争の教訓を取り入れた
『すがしま』型掃海艇

掃海艇『すがしま』型は第6世代であり2000年以降の近代化された機雷に対応するために、英国製の情報処理装置（NAUTIS-M）や機雷探知機（TYPE-2093）、フランス製の機雷処分具PAP-104を装備する。

MSC-688掃海艇「あいしま」。

▲機雷処分具PAP-104 Mk.5を搭載し、専用クレーンで引き出す。

【主要データ】基準排水量510t　全長54m　最大幅9.4m　深さ4.2m　喫水3m　船型 船首楼型　主機ディーゼル2基2軸　出力1,800馬力　速力14ノット　主要兵装 20mm機関砲×1　掃海装置一式　乗員約45名　約147億円　ユニバーサル造船京浜事業所鶴見工場

掃海艇最後の木造艇
『ひらしま』型掃海艇

掃海艇『ひらしま』型は第7世代にあたる。2004年度計画から建造されたもの。この型から搭載された国産の機雷掃討具S-10は、機雷探知機と機雷処分具の二つの能力を持っている。『ひらしま』型は3隻の建造で終了している。

MSC-601掃海艇「ひらしま」。

▲探知・類別・処分の全工程を実施できる水中航走式機雷掃討具S-10を装備。

【主要データ】基準排水量570t　全長57m　最大幅9.8m　深さ4.4m　喫水3m　主機ディーゼル2基2軸　出力2,200馬力　速力14ノット　主要兵装 20mm機関砲×1　掃海装置一式　乗員約45名　約175億円　ユニバーサル造船京浜事業所京浜事業所

艦齢が2倍に伸びるFRP船体
『えのしま』型掃海艇

掃海艇『えのしま』型は海自第8世代にあたり、掃海艇としては初めて、船体や上部構造物に強化プラスチックを採用している。

腐食しない強化プラスチックを使ったため、艦齢は木製よりも二倍伸びるとされている。

MSC-604掃海艇「えのしま」。

【主要データ】基準排水量570t　全長60m　最大幅10.1m　深さ4.5m　喫水2.4m　主機ディーゼル2基2軸　出力2,200馬力　主要兵装 20mm機関砲×1　掃海装置一式　乗員約45名　約199億円　ユニバーサル造船京浜事業所京浜事業所

↗らしま」型掃海艇MSC（Mine Sweeping Coastal）MSC-601「ひらしま」／MSC-602「やくしま」／MSC-603「たかしま」　●『えのしま』型掃海艇MSC（Mine Sweeping Coastal）MSC-604「えのしま」／MSC-605「ちちじま」／MSC-606「はつしま」　●※『かしま』型は1隻のみ　●『しまゆき』型練習艦TV（Training Vessel）TV-3513「しまゆき」（旧「はつゆき」型）／TV-3517「しらゆき」（旧「はつゆき」型）／TV-3518「せとゆき」（旧「はつゆき」型）　●※試験艦「あすか」は1隻のみ　●※『しらせ』型は1隻のみ

毎年世界を一周する練習艦隊の旗艦
『かしま』型練習艦

TV-3508練習艦「かしま」。

『かしま』型は、1992年度計画で建造された2代目の練習艦である。実習幹部の航海戦術訓練をはじめ、各種訓練が可能な兵装を備える。煙突後部のデッキハウスは実習生講堂で、約200名が受講できるようになっている。

【主要データ】基準排水量4,050t　全長143m　最大幅18m　深さ12.3m　喫水4.6m　船型 長船首楼型　主機CODOG型ガスタービン2基・ディーゼル2基2軸　出力27,000馬力　速力25ノット　主要兵装 62口径76mm速射砲×1　水上発射管×2　乗員約360名　約343億円　日立造船舞鶴工場

護衛艦から転籍した実戦練習艦
『しまゆき』型練習艦

YV-3513練習艦「しまゆき」。

練習艦『しまゆき』型は、護衛艦『はつゆき』型12番艦として建造されたもので、1999年に種別変更されて練習艦となった。除籍間近の艦艇を練習艦へ種別変更することはあるが、「しまゆき」は比較的早い時期に種別変更された。

【主要データ】基準排水量3,050t　全長130m　最大幅13.6m　深さ8.5m　喫水4.4m　船型 長船首楼型　主機COGAGガスタービン4基2軸　出力45,000馬力　速力30ノット　主要兵装 62口径76mm速射砲×1　SSM装置一式　短SAM装置一式　3連装魚雷発射管×2　CIWS×2　哨戒ヘリコプター×1　乗員約200名　三菱重工業長崎造船所

省力化やステルス化を目的とした艦載兵器実験艦
試験艦「あすか」

ASE-6102試験艦「あすか」。

試験艦「あすか」は、装備品や開発中の試作品を実際の艦艇に搭載して、実用試験や技術試験・評価を行う艦ためのである。射撃指揮装置FCS・3用のフェイズド・アレイ・レーダーを装備し、「ミニ・イージス艦」になっている。

【主要データ】基準排水量4,250t　全長151m　最大幅17.3m　深さ10m　喫水5m　船型 平甲板型　主機ガスタービン2基2軸　出力43,000馬力　速力27ノット　乗員約70名　約278億円　住友重機械工業浦賀造船所

文部科学省の予算で海上自衛隊が運用する南極観測船
『しらせ』型砕氷艦

AGB-5003砕氷艦「しらせ」。

砕氷艦『しらせ』型は、「ふじ」、初代「しらせ」に次ぐ3代目の砕氷艦である。観測隊員は80名が同乗できる。氷海航行能力も強化され、厚さ約1・5mまでの氷は連続的に砕氷できるほか、艦首に散水融雪装置を設けている。

【主要データ】基準排水量12,500t　全長138m　最大幅28m　深さ15.9m　喫水9.2m　主機ディーゼル・電動機4基2軸　出力30,000馬力　速力19ノット　特殊装置ヘリコプター×2　各種洋上観測設備一式　乗員約175名・観測隊員約80名　文部省予算枠　ユニバーサル造船舞鶴事業所

●『うわじま』型掃海艇MSC（Mine Sweeping Coastal）MSC-679「ゆげしま」／MSC-680「ながしま」※「うわじま」～「とびしま」までは退役もしくは種別変更　●『すがしま』型掃海艇MSC（Mine Sweeping Coastal）MSC-681「すがしま」／MSC-682「のとじま」／MSC-683「つのしま」／MSC-684「なおしま」／MSC-685「とよしま」／MSC-686「うくしま」／MSC-687「いずしま」／MSC-688「あいしま」／MSC-689「あおしま」／MSC-690「みやじま」／MSC-691「ししじま」／MSC-692「くろしま」　●『ひ↗

海自最新鋭、国産初のジェット哨戒機

P-1哨戒機

【主要データ】全長38m　全幅35.4m　全高12.1m　全備重量　約80t　エンジンF7-IHI-10×4　出力約12,000ポンド×4　最高速度約990km/h　巡航速度約800km/h　航続距離8,000km　乗員13名　約170億円　川崎重工業

Ｐ－１は、Ｐ３－Ｃが減勢していくことが見込まれるため後継機として開発された、最新の哨戒機である。空自の次期輸送機ＸＣ－２と同時開発され、尾翼やコックピットなど一部が共通化されている。

　パイロットの操作を光信号に変換して、光ファイバーで翼面を制御するフライ・バイ・ライトシステムを世界に先駆けて採用、これはメタル線よりも容量が多く、干渉を受けにくい構造になっているという。また、技術研究本部が開発したターボファンエンジンを搭載しているほか、機体デザインも日本オリジナルで、搭載されるミッション器材も国内開発された純国産機である。

　目標探知識別能力は、高高度からのレーダーシステムによって遠方から探知できるほか、光波・赤外線のセンサーによって小型の水上目標の類別能力も向上しているという。そのほか、投下したソノブイからの音響情報、レーダーシステムなどからの情報を、高速かつ自動化された情報処理機能から戦術処理する戦闘指揮システムを備えている。２００７年に９月に初飛行を行い、試験と評価を経て、２０１３年３月に開発を終了して、部隊配備された。

　飛行時間５０００時間を超えるベテランパイロットに直接聞いた話では「飛行安定性に優れ、どの速度域でもスムーズ。Ｐ－３Ｃよりも格段に操縦し易くなっている」と語っていた。

自衛隊観艦式でフレアを連続射出するP-3C哨戒機。

30年間も海を守る、信頼の哨戒機

P-3C哨戒機

【主要データ】全長35.6m 全幅30.4m 全高10.3m 離陸重量56t エンジンT56-A-14×4 出力4,910馬力×4 最高速度約730km/h 巡航速度約600km/h 航続距離6,751km 乗員11名 米ロッキード/川崎重工業

P-3CはP2-Jの後継機で、1977年に導入が開始された哨戒機である。原型はロッキード社の民間旅客機エレクトラで、エンジンの強化、対潜情報の探知・統合化などを経て、P-3Cとなったものを対潜哨戒機として導入した。1982年に実戦部隊を編成し、1997年9月の最終号機まで約101機が調達・配備された。現在では、潜水艦の哨戒以外の運用も行うので、哨戒機と呼称されている。P-3Cは、レーダー、赤外線探知システム、磁気探知システム、ソノブイによるソーナーシステムなど、多数のセンサーを搭載しており、これらセンサーが入手した情報をコンピュータで処理する総合情報処理能力を有している。最近では、潜水艦の哨戒飛行以外にも、ソマリア沖の海賊対処にも派遣されるなどしている。用途が広まったことや、P-1の機数がある程度揃うまで時間がかかりそうなので、しばらくは現役であろう。なお派生機として、電子情報収集機のEP-3、画像情報収集機OP-3C、新装備の試験を行うUP-3C、UP-3Dなどがある。P-3Cの塗装は、当初、白と灰色の二色であったが、2000年以降、灰色一色のロービジ*のものとなっている。また、その際には垂直尾翼の航空隊エンブレムも消されてしまっている。なお主翼下には、対艦ミサイルのハープーンなどを装備することができる。

*ロービジ=Low Visibility、低視認性。

US・2は、US・1Aを基本機に、その洋上救難能力を向上させた後継機として、防衛庁(当時、現防衛省)技術研究本部が改造・開発を進めたものであった。2003年にUS・1A改として試作1号機が完成し、飛行試験をはじめとする運用試験などが実施され、技術研究本部に引き渡され、さらなる実用試験などが行われた。2007年に部隊使用認可が下り、第31航空群第71航空隊に配属された。救難機とは、災害派遣や急患輸送に当たる機体である。

US・2は、US・1に比べて機体中央部がやや膨らんだような形をしているが、そのほかの大きな違いは、プロペラが6枚プロペラになったくらいで、さほど見当たらない。しかし、エンジンや操縦系統は大きく変わっており、だから、US・1A〝改〟ではなくUS・2と名乗っているのである。

その違いについては、以下の点が挙げられるだろう。

まず、フライ・バイ・ワイヤー・システムを採用したこと。これはP・1哨戒機でも採用されたもので、操縦時の飛行性を制御するためのもので、安定した飛行ができるようになった。さ

インドへも輸出か、最新国産飛行艇
US-2救難機

2013年ヨットで遭難したジャーナリスト辛坊治郎さんらを救助した。

らには、エンジンを英国のロールスロイス社のAE2100Jにして、4つのエンジンで合計18000馬力以上の出力を出せるようになった。US-1Aと比べると、出力は1・3倍になっている。

【主要データ】全長33.3m　全幅33.2m　全高9.8m　全備重量約47.7t　エンジンAE2100J　出力4,591馬力×4　最高速度約580km/h　巡航速度約480km/h　航続距離約4,600km　乗員11名　約100億円　新明和工業

先にも述べたように、プロペラは3枚のものから6枚のものになったとともに、素材には複合材が使われているという。また与圧キャビンも採用されている。機体中央部が膨らんだようになっているのは、与圧化を考慮してのことのようだ。居住性向上のためであろう。

統合型の計器盤も採用され、見やすくなっているという。さらには、主翼、波消板、浮き船部分などの軽量化も図られている。

US-2をUS-1Aと寸法で比べると、大きさは全長で約20cm伸び、高さで10cm高くなっただけである。与圧キャビンを採用したことで、高高度の飛行が可能になったことが考えられ、出力が増したことで速度性能が向上したほか、航続距離も伸びている。また、US-2の最高速度は約580km/hで、US-1Aが約470km/hだったので飛躍的に高速化している。

救難から哨戒まで マルチに活躍するヘリコプター

SH-60J/K哨戒機

【主要データ】(SH-60K) 全長約19.8m 回転翼径16.4m 全高5.4m 全備重10.9t エンジンT700-IHI-401C 出力 2,145馬力×2 最高速度約257km/h 乗員3名 約63億円 三菱重工業

SH-60Jは、HSS-2の後継機として導入されたヘリコプターで、米海軍SH-60Bをベースに、防衛省技術研究本部が開発した戦術情報処理装置やデータリンク、自動飛行制御装置などの対潜システムを搭載している。これにより、捜索能力、攻撃能力、情報処理能力などが向上している。1991年に部隊運用が承認された。一方、SH-60Kは、SH-60Jの機体をベースに、哨戒能力を向上させた機体を長さ、幅、高さで、それぞれ30㎝前後大きくし、低周波ソーナー、戦術情報交換装置などを装備したほか、魚雷や対潜爆弾、ヘルファイアを搭載可能にして、能力向上を図っている。

写真は救難仕様のSH-60J。哨戒仕様ではMk.46短魚雷を搭載。

▶SH-60K。Kではさらに97式短魚雷、対潜爆弾、AGM-114MヘルファイアⅡ空対艦ミサイル、74式機関銃も搭載可能となった。

陸上でも離発着できる国産飛行艇

US-1A救難機

【主要データ】全長33.46m 全幅33.1m 全高9.95m 全備重量45t エンジンT64-IHI-10J 出力3,493馬力×4 最高速度約470km/h 巡航速度約410km/h 乗員12名 新明和工業

US-1Aは、1970年代に対潜飛行艇として使われたPS-1をベースに、水陸両用機として製作した救難機である。PS-1との違いは、陸上飛行場からでも離発着できるように脚を装備したこと、航続距離を伸ばすために燃料タンクを増設したこと、救助装置品などを装備したことなどがあげられるだろう。高揚力装置、波消し装置などを備えて、3mほどの波高でも離着水が可能である。機体胴体部の中央は、救助者を収容するスペースとなっており、最大の担架数は12個だという。一方、胴体後部には救助用具を搭載している。

オスプレイより力持ちの大型ヘリコプター

⚓MH-53E 掃海・輸送機

【主要データ】全長30.2m 回転翼直径24.1m 全高8.56m 全備重量約31.63t エンジンT64-GE-416 出力4,380馬力×3 最高速度約280km/h 航続距離約1,200km 乗員7名 米シコルスキー社

MH-53Eの原型は輸送ヘリコプターであったが、海上自衛隊はその飛行力を活かして、Mk.105と呼ばれる掃海具を曳航して、空中から機雷掃海を行っている。最近では、EOD*を輸送するヘリとしても使われている。

「ひゅうが」にも搭載の最新大型ヘリコプター

⚓MCH-101 掃海・輸送機

【主要データ】全長22.8m 回転翼直径18.6m 全高6.6m 全備重量14.6t エンジンRTM322-02/8 出力592馬力×3 最高速度約280km/h 巡航速度約230km/h 乗員4名 川崎重工業

MCH-101は、アグスタ・ウエストランド社が開発した輸送ヘリで、陸・海・空自衛隊を通して第一線使用機としては初めてのヨーロッパ製である。エンジンを3基搭載し、最大36名が乗れるキャビンなど、搭載力も優れている。

海自版ビジネスジェットは艦隊訓練支援機仕様

⚓U-36A多用機

【主要データ】全長14.81m 全幅12.04m 全高3.73m 全備重量8.9t エンジンギャレットTEF731-2-2B 出力3,025馬力×2 最高速度マッハ0.78 乗員4名 米ゲイツ・リアジェット

U-36Aは海上自衛隊で2機種目となったジェット機で、艦艇部隊の対空訓練を支援するもので、特に高速目標として、標的曳航装置、ミサイルシーカー・シミュレーター、訓練用電波妨害装置、チャフ散布装置なども備える。

海上自衛隊各航空基地に1機ずつ計5機配備

⚓LC-90多用機

【主要データ】全長10.82m 全幅15.32m 全高4.33m 全備重量4.37t エンジンP&WC PT6A-21 出力580馬力×2 最高速度約400km/h 巡航速度約360km/h 乗員2名+4名 米レイセオン・エアクラフト

LC-90は、航空機部隊の少人数の輸送、連絡、物資輸送など、多目的な任務をこなす、ビーチクラフト社C-90キングエア双発軽飛行機をベースとする。人員や荷物を積めるように機内は簡単な改造を行ったのみである。

＊EOD=Explosive Ordnance Disposalのこと。海上自衛隊水中処分員。

全自動で対空戦闘でも使用される
54口径127㎜速射砲

54口径127㎜速射砲はイタリアのOTOメララ社が開発した対水上、対空両用砲。自動化と遠隔操縦で砲塔内は無人化されている。イージス艦『こんごう』型護衛艦に初めて搭載され、続いて『たかなみ』型護衛艦に搭載されている。ヨーロッパ風の重厚感がある。

【主要データ】重量約40t 発射速度40発／分 最大射程約24,000m（水上） 最大高度約15,000m 俯仰角度＋85°～－15° 無人 操縦方式 全自動電気油圧式 給弾方式 自動 弾丸重量約32kg 日本製鋼所

最新のミサイル護衛艦搭載砲
62口径5インチ砲

62口径5インチ砲（Mk.45 Mod.4）はBAEシステムズ社が開発。砲塔内は無人化されており、操縦は全自動電気油圧式となっている。イージス艦『あたご』型護衛艦や『あきづき』型護衛艦に搭載されている。今後も建造される汎用型護衛艦の主砲となっていくのであろう。

【主要データ】重量約25t 発射速度約20発／分 無人 操縦方式 全自動電気油圧式 給弾方式 自動 弾丸重量約32kg 米BAEシステムズ

弾道ミサイルを成層圏で撃破
スタンダード・ミサイル3

スタンダード・ミサイル3は、イージス艦が搭載しているSM-2の発展型で、短・中距離弾道ミサイル防衛用の迎撃ミサイルである。現用のSM-3はブロック1Aと呼ばれるもの。現在長距離弾道ミサイルを迎撃することを目的とする、ブロックⅡAを日米で開発中。

【主要データ】（弾体）全長6.55m 翼幅1.57m 直径0.34m 速度マッハ3以上 米レイセオン／エアロジェット

イージス艦搭載の防空ミサイル
スタンダード・ミサイル2

スタンダードSM-2は、イージス艦の『こんごう』型護衛艦や『あたご』型護衛艦のVLS発射機Mk.41から発射される、艦載用防空誘導弾。誘導方式はセミアクティブ・レーダーホーミングである。スタンダードSM-2は、MR（中距離）型とER（遠距離）型の2種類がある。

【主要データ】（弾体）全長4.72m 直径0.34m 速度マッハ2以上 射程30km 誘導方式 セミアクティブ・レーダーホーミング 米レイセオン

艦隊防空の主力装備

シー・スパロー短距離艦対空誘導弾

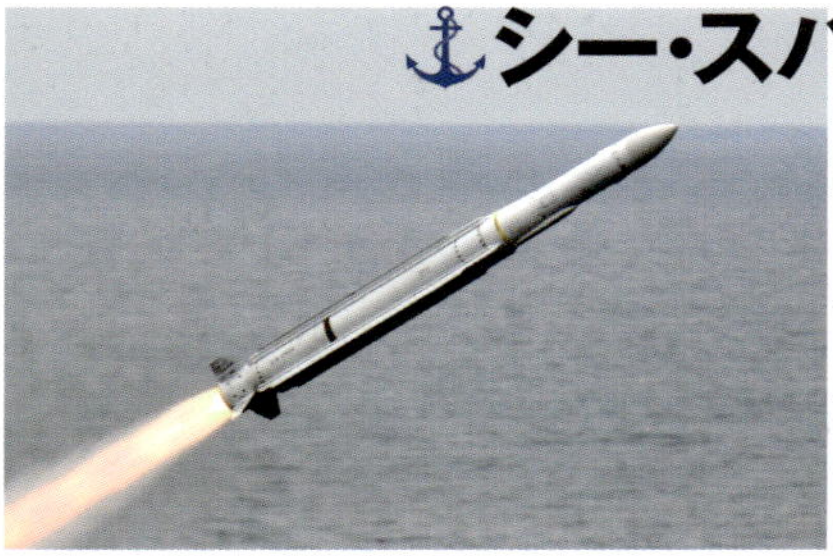

シー・スパローは、航空自衛隊のF・4EJやF・15Jが装備する空対空ミサイル、スパローⅢ型を、艦艇発射用に改良した短距離防空用ミサイルである。発射機には専用のMk.48や8連装発射機などがある。

【主要データ】（弾体） 全長3.66m 直径0.2m 速度 マッハ1以上 射程 7km 誘導方式 セミアクティブ・レーダーホーミング 米レイセオン

長射程の国産対艦ミサイル

90式艦対艦誘導弾SSM-1B

SSM・1Bは、正しくは90式艦対艦誘導弾SSM・1Bといい、航空自衛隊が使う80式空対艦誘導弾ASM・1をベースに開発した陸上自衛隊の88式地対艦誘導弾を艦載型にしたもの。現在、艦対艦誘導弾の主力となっている。

【主要データ】（弾体）全長約5m 直径約0.35m 重量約660kg 射程100km以上 誘導方式 慣性誘導＋アクティブ・レーダーホーミング 三菱重工業

対潜水艦用の主力魚雷

68式3連装短魚雷発射管

68式3連装短魚雷発射管は、対潜用短魚雷Mk.44の発射用に開発された、軽量小型の発射管。なお国産魚雷には、対潜水艦用短魚雷として、73式、97式、12式などがある。多くの護衛艦と、護衛艦から種別変更した練習艦に装備されている。

【主要データ】重量約1t 管直径0.4m 発射空気圧70kg～140kg／平方cm 渡辺鉄工

毎分3000発の弾幕で敵ミサイルを撃破

高性能20mm機関砲

高性能20mm機関砲は、Close-in Weapon System、略称CIWSとも呼ばれる、対ミサイル最終防御システムで、索敵、探知、追尾、評価、発射の流れを自動的に実行する。白いレドーム内には捜索、追尾などのレーダーがある。

【主要データ】操縦方式 全自動システム 重量約6t 発射速度3,000～4,500発／分 最大射程約4,500m 初速約1,100m／秒 米レイセオン・システムズ

観閲部隊（右）と観閲付属部隊（左）の間を反航する受閲艦艇部隊（中央）。受閲第１群の「はたかぜ」「しらね」以下護衛艦が多数見える。（以下、P70〜72に掲載の写真は2012年のもの）

自衛隊最大規模のイベント、艦艇約50隻が一同に会す

自衛隊観艦式

観艦式そのものの起源は、14世紀中頃の英国まで遡ることができるという。具体的には、ジャンヌ・ダルクが活躍することで有名な英仏による百年戦争（1338〜1453）の初期の1341年に、英国王エドワード3世が自ら艦隊を率いて出撃する際に、艦隊を観閲したことに始まるといわれている。また、最近定着した形態の観艦式は、英国で1897年に行われた、ビクトリア女王即位60周年の式典からと言われている。

日本では、1868年（明治元）に明治天皇を迎え、大阪の天保山沖で実施された艦兵式が観艦式の始まりで、参加隻数は6隻2452tだったという。「観艦式」という言葉が最初に使われたのは、4回目を数えた、1900年（明治33）に神戸沖で行われた大演習観艦式からである。旧帝国海軍最後の観艦式は、19回目を数えた、1940年（昭和15）に横浜沖で行われた紀元2600年特別観艦式で、艦艇98隻596000t、航空機527機が参加した、壮大なものだったという。

海上自衛隊における観艦式は、1956年（昭和31）に「自衛隊記念日」が制定され、翌1957年にその行事の一環として実施されるようになったことに始まる。

受閲第１群に属した、在りし日の「しらね」。観艦式に参加した艦の中でも、古参の一艦であった。

一番新しい2012年度に実施された観艦式は、27回目であった。1997年（平成9）の自衛隊記念日行事から、陸・海・空自衛隊が3年ごとに持ち回りで行事を行うことになり、具体的には1997年の第21回目の観艦式から、3年おきに実施されるようになったのだが、それ以前は、1960年に行われた第2回観艦式から1973年に行われた第14回観艦式まで、ほぼ毎年のように実施されたこともあった。

実施海域は、最近は相模湾で行うことが定着しているが、第2回から第14回までの観艦式は、東京湾、大阪湾、博多湾、佐世保沖など、さまざまな海域で行われている。参加艦艇は平均して50隻、航空機も海自以外に、陸自、空自からの参加があり、平均50機であった。

なお観艦式は、停泊中の艦艇を観閲艦艇が巡る「停泊観艦式」、観閲艦艇と受閲艦艇が行き交う「移動式観艦式」の二つがあり、海上自衛隊は後者の移動式観艦式で行うことが多く、移動式観艦式ができる海軍は数少ないと言われている。なお2002年（平成14）度の観艦式は、海外から11カ国17隻の海軍艦艇の参加を得て、「海上自衛隊創設50周年記念国際観艦式」として、停泊観艦式で実施されている。

前述のように最近行われた観艦式は、2012年10月14日に行われたもので、これも当然、自衛隊記念日行事であった。開催された海域は相模湾で、観閲官は安倍晋三内閣総理大臣で、主催者は小野寺五典防衛大臣、実施責任者は海上幕僚長河野克俊海将、執行者は自衛艦隊司令官松下泰士海将、参加艦艇は48隻、航空機45機であった。自衛艦以外にも、米海軍、オーストラリア海軍、シンガポール海軍から艦艇が各1隻ずつ参加しており、航空機は陸自から6機、空自から7機が参加している。参

『ひゅうが』型２番艦「いせ」の飛行甲板上には、発艦準備中のSH-60J/K３機の姿が見える。

加人員は約8000名であった。

　観艦式参加部隊の編成は、護衛艦「ゆうだち」「くらま」など5隻からなる観閲部隊、護衛艦「いなずま」など5隻からなる観閲付属部隊、護衛艦「あきづき」を旗艦とする、護衛艦、潜水艦、掃海艦艇といった艦種別の受閲7群計25隻からなる受閲艦艇部隊、祝賀航行部隊として外国艦3隻、UP-3Cを指揮官機とする受閲航空部隊8群計31機というものであった。

　さらに、海面警戒部隊、輸送任務や取材協力などの支援航空部隊も編成されていた。観艦式は艦艇の航行だけでなく、艦艇による訓練展示も行われ、祝砲発射、3隻の護衛艦による戦術運動、潜水艦の浮上、ヘリコプター発艦、洋上給油（ハイライン）、LCACによる高速航走、IRデコイ発射が行われ、航空機による展示としては、対潜爆弾投下、IRフレアー発射、救難機US-2の離着水などが行われた。

　なお観艦式が実施される1週間ほど前から、観艦式の事前公開（予行、2012年は2回実施された）や艦艇一般公開、電灯艦飾、満艦飾などが、観艦式に参加する各艦艇が入港していた横須賀、横浜、木更津といった港で行われている。

　なお、観艦式は一般国民に公開されているが、乗艦できる艦艇にキャパシティがあるために、はがきなどの申込みに対し、事前抽選で当選した方のみが乗艦できる。

2012年3月に就役したばかりの護衛艦「あきづき」を旗艦に、相模湾を航行する受閲艦艇部隊。

「ひゅうが」の甲板には、多数の見学者の姿が見える。

反航する船の動きこそが、移動式観艦式の華であろう。手前は観閲部隊、奥が観閲付属部隊で、その間を受閲艦艇部隊が反航している。

航空自衛隊
主要装備 解説＆データ

JASDF
JAPAN AIR SELF-DEFENSE FORCE

2014年航空観閲式で地上行進したF-2戦闘機。

【主要データ】（F-2A）全長15.5m　全幅11.1m　全高5.0m　自重12t　最大離陸重量22t、最大速度マッハ2.0　航続距離4,000km　エンジン GE F110-GE/IHI-129ターボファン　武装 20mm機関砲×1　空対空誘導弾AIM-7　赤外線誘導弾AIM-9、AAM-3　空対艦誘導弾ASM-1、ASM-2　各種爆弾など　乗員1名　約120億円　三菱重工業

F-16ベースの国産戦闘機、日本が独自開発したアクティブ・フェイズド・レーダー搭載

F-2戦闘機

F・2戦闘機は、先代のF・1支援戦闘機の後継機である。F・1支援戦闘機は1977年に三沢基地に配備されたのを皮切りに3個飛行隊が編成され、2006年まで第一線で活躍したが、配備されて間もない1981年には、後継機のFS・Xの構想が立ち上がっていたのだった。

航空自衛隊が要求した能力は、空対艦誘導弾4発を搭載でき、対艦攻撃機として約830㎞以上の戦闘行動半径を持つことなどで、これに基づき、F・16、FA・18、トルネード（英、独、伊3国共同開発）、もしくは国産といった案が検討された。ところが既存の機では空自の要求を満たさなかったため、国産化に決定しかけた。しかし、欧米航空機産業、特に米国がF・16の改造案を強く押してきたほか、日米間の貿易問題などが政治問題化するなどしたため日本側が譲歩し、ロッキード・マーチンのF・16に、国産化した際に考えられていた新技術を取り入れるという日米共同開発という案に落ち着くことになった。

F・2はFS・Xとして1988年度から開発が始まり、1995年には初飛行が行われ、2000年には開発

ランディング時のF-2戦闘機
CG：藤井祐二

そのものは終了している。Ｆ・２はＦ・16の改造機であるため、細かい点で複数の相違点がある。外観的にわかるものとして、旋回性能を高めるために、主翼面積を25％ほど拡大していること。また、主翼は一体成形複合材料による一体構造で軽量化が図られている。キャノピーの形状もＦ・16は二分割であるが、Ｆ・２では三分割となっている。機首形状も変更されているほか胴体の延長などに違いがあり、さらには着陸滑走を短縮させるために、垂直尾翼基部にドラッグシュート*格納部がある。これらが外観上の違いである。

Ｆ・２は当初、１４１機を導入する計画であったが、開発費の増大や機体単価が高騰したこと、原型がＦ・16という小型で改造のゆとりが少ない、発展の潜在性が低い機体（別な言い方をすれば、無駄を削り落した機体）だったことなどを理由に調達の縮小が行われ、単座型のＦ・２Ａを62機、複座型Ｆ・２Ｂを32機の計94機で終了した。

２００５年度以降に、要撃戦闘機と支援戦闘機という区分を廃止したため、Ｆ・２部隊も要撃戦闘任務につくようになり、いわゆるスクランブル対応を行うようになっている。

＊ドラッグシュート＝制動用パラシュート。

F-15J。1980年調達の初期ロット。

【主要データ】全長19.4m　全幅13.1m　全高5.6mm　自重約13t、最大離陸重量約31t　最大速度マッハ2.5　航続距離約4,600km（戦闘行動半径1,900km）　エンジンF100-IHI-100ターボファン　推力約8,600kg×2　固定武装 20mm機関砲×1　空対空誘導弾AIM-7、AAM-4、赤外線誘導弾AIM-9、AAM-3、AAM-5（改修機）　乗員1名（F-15DJは2名）　約101億5,600万円　三菱重工業

世界最強の戦闘機をライセンス生産、未だにトップの座に君臨

F-15戦闘機

F-15戦闘機は、航空自衛隊が1970年代の主力機であったF-104JやF-4EJの後継機の選定に1975年頃から着手した際、専守防衛の立場から、攻撃してくる相手に充分対応できる高い性能を持っている点を基準にして、1978年に採用したものである。原型のF-15は、米空軍の制空戦闘機としてマクドネル・ダグラス社（現ボーイング社）が1972年に完成させたもので、登場して以来、「世界最強の戦闘機」という能力を誇示していた。ただ、高性能な機体であったため高価になり、導入した国はアメリカ、イスラエル、サウジアラビア、日本の4ヵ国しかいない（E型のみ韓国空軍も採用）。

実際の導入は1980年で、部隊配備は1982年のことであった。

F-15の魅力は最大速度マッハ2・5の飛行であり、運動性や上昇力に優れていることであろう。

なお航空自衛隊では、F-15を導入して間もないころから、その能力向上改修に努めている。さまざまな改修が行われているが、代表的なものとしては、AN/APG-63（V）1の換装、セントラルコンピュータなどの換装、

国産の中射程空対空誘導弾AAM-4の携行能力付与などがあげられるだろう。

　次期主力戦闘機がF-35に決定したが、アメリカでの製造は遅れており、1機当たりの価格も高価なので、数を揃えるのが難しくなると、当面はF-15が主力となろう。

　現在、航空自衛隊のF-15の飛行隊は7個あり、第201飛行隊、第203飛行隊が第2航空団（千歳基地）に、第305飛行隊が第7航空団（百里基地）に、第303飛行隊、第306飛行隊が第6航空団（小松基地）に、第304飛行隊が第8航空団（築城基地）に、第204飛行隊が第83航空隊（那覇基地）に配備されている。

　ただこのうち、南西空海域の動きが慌ただしいこともあり、第8航空団の第304飛行隊を第83航空隊に移し、その第83航空隊を改編して第9航空団（仮称）という新しい航空団を創設する計画もあるようで、その動きは注目されるだろう。なおこのほかのF-15の飛行隊には、飛行教導群とF-15のパイロット教育部隊である第23飛行隊が新田原基地に所在している。

ベトナム戦争で大活躍、名機F-4ファントム

F-4EJ改戦闘機

Ｆ・４ＥＪ改戦闘機の原型機は、１９５０年代半ばまで遡ることができる米海軍の航空母艦搭載機で、空軍型なども含め多くの西側諸国の空・海軍などで使われた傑作軍用機Ｆ・４ファントムである。航空自衛隊のＦ・４ＥＪは空軍型のＦ・４Ｅ型がベース。１９７１年から装備が始まり、当初の装備・導入機数は１０４機だったが、返還された沖縄の防空用などが追加され、最終的は１４０機となった。

１９８０年代に入ると、近代化改修を行って能力向上を図ることが検討され、具体化したのがＦ・４ＥＪ改である。この改修の大きなポイントは４点ほどある。まずはレーダーとＦＣＳ（火器管制装置）の近代化である。次にあげられるものとしては、航法や通信機能の向上があり、デジタル航法器材などを導入したことで、能力的にはＦ・15に近いものとなっている。次に、搭載できるミサイルの増強がある。目標捕捉力や対地攻撃能力の精度向上など戦闘能力が大きくアップしたという。４番目として、爆撃能力の強化も行われている。

Ｆ・４ＥＪ改は１９８４年に１号機が初飛行し、１９８９年からは部隊配備が開始され、96機ほどが改修されている。しかしオリジナルタイプで40年以上、Ｆ・４ＥＪ改に改修されても26年以上たっていることもあって退役も進んでおり、２０１４年度末で、Ｆ・４ＥＪは７機、Ｆ・４ＥＪ改は53機の計60機となっているという。

F-4EJ改。百里基地所属の第7航空団第302飛行隊機。

【主要データ】全長19.2m　全幅11.7m　全高5m　自重14.5t　最大離陸重量約26t　最大速度マッハ2.2　航続距離約2,900km　エンジンJ79-GE-17/J79-IHI-17ターボジェット　推力8,120kg×2　武装 20mm機関砲×1　空対空レーダー誘導弾AIM-7、AAM-3、空対空赤外線誘導弾AIM-9、AAM-3　ロケット弾など　乗員2名　約17億円　三菱重工業

RF-4EJ偵察機。

ファントムを偵察機に改造、東日本大震災でも緊急発進

RF-4E偵察機

【主要データ】全長19.2m　全幅11.7m　全高5m　自重14.5t　最大離陸重量約26t　最大速度マッハ2.2　航続距離約2,900km　エンジン J79-GE-17/J79-IHI-17ターボジェット　推力8,120kg×2　武装 20mm機関砲×1　空対空レーダー誘導弾AIM-7、AAM-3、空対空赤外線誘導弾AIM-9、AAM-3　ロケット弾など　乗員2名　約17億円　米マクドネル・ダグラス

RF・4E偵察機は、F・4ファントムⅡをもとにマクドネル・ダグラス社（現ボーイング社）が開発したものである。航空自衛隊は、1961年からF・86Fを改造してRF・86F偵察機を装備していたが、老朽化したためにRF・4E偵察機を導入することになったが、導入機数が14機と少ないことから全機輸入という方法が採られた。RF・4Eは1975年から部隊配備されている。機首にPQ・99レーダーを搭載し、光学カメラとしてKS・56E低高度パノラミックカメラ、KS・87B高高度パノラミックカメラ（前方偵察カメラ）、KA・91B高高度パノラミックカメラ、KS・127A長距離側方カメラ、KC・1B地図作成カメラなどを組み合わせて搭載する。

RF・4Eは、F・4EJに準じた機器が航空自衛隊仕様となっていたり、RF・4EJのように、改修が行われたりしていくつかのタイプが存在しているため、それらは「RF・4E改」と呼ばれる場合もあるという。いずれにしても、RF・86Fのように単座ではなく、複座双発の航空機であるため、搭乗員2名が任務を分担できるという利点がある。

これら偵察機は、第501飛行隊として茨城県の百里基地をベースに、戦術偵察や災害派遣などで活躍。1991年の雲仙普賢岳の噴火や、2011年の東日本大震災では、被災地の航空写真を撮影している。

ブルーインパルスにも採用中の高性能ジェット

T-4中等練習機

T-4中等練習機は、中等練習機T-33Aの後継機として、1985年7月に試作機が初飛行し、1988年9月には量産型機が教育部隊の第1航空団に配備され、2号機の配備で臨時T-4教育飛行隊を新編し、教官養成が開始された。その後、第31教育飛行隊、第32教育飛行隊が編成され、基本操縦課程を担うようになった。

T-4は純国産機で、キャノピー破砕方式脱出装置、機上酸素発生装置、炭素系複合材などの新技術を採用している。機体は川崎重工業が受け持ち、エンジンはIHI製のF3-IHI-30ターボファンである。2003年までに212機が製造された。練習機以外にも、連絡機といった役割で多数の飛行隊に配備されている。丸みを帯び、いるかに似た機体から「ドルフィン」という愛称がついている。

なおT-4は、T-2に次ぐ3代目のブルーインパルス機となり、1995年度には、ブルーインパルス運用部隊として第11飛行隊が松島基地の第4航空団で発足している。以降、航空自衛隊基地の公開行事、スポーツイベントの開会式など、幅広い行事でアクロバット飛行・航過飛行を行っている。ブルーインパルスの正式名称は第4航空団第11飛行隊。独特のスモークを発生させるオイルは3番タンクに備わり、約40分の演技に200ℓを使用する。タンク容量は325ℓ。オイルポンプは通常姿勢用と背面飛行用の2種類がある。

【主要データ】全長約13m　全幅約9.9m　全高約4.6m　自重約3.7t　全備重量5.6t　最大速度マッハ0.9　航続距離4,600km　エンジンF3-IHI-30ターボファン　推力1,670kg×2　乗員2名　約40億円　川崎重工業

航空祭の花形が第11飛行隊ブルーインパルスである。

航空自衛隊パイロットへの道は、T-7から始まる

T-7初等練習機

【主要データ】全長8.59m　全幅10.04m　全高2.96m　最大離陸重量1,585kg　最大速度203ノット　エンジン250-B17Fターボプロップ　上昇出力450馬力　乗員2名　約2億3,000万円　富士重工業

T-7初等練習機は、パイロット要員が最初に乗る練習機で、初等の練習機ということで、先代のT-34、T-3といった流れを汲んでいる。2000年に機種選定され、2003年4月にはT-7として制式化した。T-3を基本にしたので、部品の共通化を図ることができ、コストダウン化に成功している。なお、エンジンは100馬力ほどパワーアップし、速度性や機動性が向上したが、一方で、騒音の低減も図られている。また、使用燃料はジェット機と同じJP-4が使われ、補給の面からも経費が軽減されている。操縦席の計器類は、ジェット練習機や戦闘機と似たデザイン。

最新の計器表示システム、航法機器を装備し、高い信頼性、整備性を有す

T-400 輸送機・救難機等基本操縦練習機

【主要データ】全長14.75m　全幅13.26m　全高4.24m　自重約4.6t　最大離陸重量約7.3t　最大速度マッハ0.78　航続距離約3,000km　エンジンJT15D-5Fターボファン　推力1,315kg×2　乗員2名＋4名　約16億円　三菱重工業

T-400輸送機・救難機等基本操縦練習機は、T-7を修了したパイロット要員のうち、輸送機・救難機コースを選択すると、中等練習機として乗り込む機である。練習機というと、学生と教官がタンデム式に座るイメージがあるが、輸送機やヘリコプターの操縦席は、造りが並列座席型となっているのがほとんどなため、それらの練習機であるT-400も、学生と教官は並列するようになっていて、多座席航空機の基礎的な運航形態が学べるようになっている。なお、T-400の原型機は、1976年に三菱重工業が開発したMU-300である。

E-767早期警戒管制機

敵機を探知・分析し味方機に伝達する大型レーダー搭載の空飛ぶ司令塔

E-767早期警戒管制機は、元々、航空自衛隊は早期警戒管制機の導入を、1990年の新中期防衛計画でE-3Aと決定したが、ベースになるB-707の生産が終了してしまったため、専用に特注したB-767の機体にE-3Aの警戒管制機能を組み込んだものである。

大きな特徴は、機体上部に直径9.14mのロートドームが設置されていることである。このドームの中には、レーダアンテナと敵味方識別装置が背中合わせで収められており、目標の捕捉と識別を併せて行うことができる。ドームは1分間に6回転しており、ドームの黒い部分は電磁波を透過できるように、グラスファイバーでできているという。搭載されているAN/APY-2レーダーは、高高度で哨戒できることもあり、担当オペレーターにより管制を行う。

レーダー以外には、敵味方識別装置、通信データリンク装置、情報処理コンピュータなども搭載されている。長時間の飛行に対応できるように、原型が旅客機だったことを活かし、機内には休息用のベッドも備わっているという。

コストは特注のため、1機あたり約550億円と高額で、世界には日本が所有する4機しかない。

1997年度、1998年度にそれぞれ2機づつ取得しており、浜松基地において、警戒航空隊飛行警戒管制隊第601飛行隊に配備されている。

【主要データ】全長約49m　全幅約48m　全高約16m　ロートドーム直径9.14m　最大離陸重量約170t　最大速度約840km/h　航続距離9,000km　エンジンCF6-80C2ターボファン　推力27,900kg×2　乗員約4名　約555億1,425万円　米ボーイング

低空侵入機の早期発見、陸上レーダーサイト機能を代替

E-2C 早期警戒機

【主要データ】全長17.6m 全幅24.6m 全高5.6m 自重約17.2t 最大離陸重量約23t 最大速度約600km/h 航続距離2,550km エンジンT56-A-425ターボプロップ 出力5,100shp×2 乗員5名 232億円 米ノースロップ・グラマン

E-2C早期警戒機を導入することになったのは、1976年に発生した「MiG-25亡命事件」で、函館空港に強行着陸を許してしまった反省からである。もともとは米海軍で運用されていたものである。初号機は1960年に初飛行している。初期量産機がE-2A、レーダー向上型がE-2B、垂直尾翼がグラスファイバー製でレーダー波を透過させるE-2Cとなっている。航空自衛隊では1979年に導入が決まり、1983年から部隊運用が始まっている。

ちなみに「MiG-25亡命事件」は1976年9月6日、ソ連防空軍所属のMiG-25戦闘機数機が、ソ連極東沿海地方から訓練目的で離陸。そのうちのベレンコ防空軍中尉が操縦する1機が演習空域に向かう途中で突如コースを外れ急激に飛行高度を下げ、航空自衛隊から発見されないまま北海道の函館空港にに強行着陸した事件。

さて、E-2Cの特徴は機体上部にあるレーダーで、ロートドーム内にある。直径7.32m、厚さ0.76mで、1分に6回転しながら10秒間隔で360度を監視する。当初はAPS-125であったが、現在はAPS-145へ改修がされつつあるという。APS-145は約560kmの探知距離で、2000以上の目的識別が可能である。警戒管制要員は3名で、ドーム基部付近のコンソールで監視業務に付く。

30年以上運用してきた航空自衛隊では、新型の早期警戒機導入の検討に入り、2015年、8枚プロペラのE-2Dが導入されることが発表された。

国産第2世代目の大型戦術輸送機

XC-2輸送機

XC-2は、C-1中型輸送機の後継機として、防衛省技術研究所や航空機メーカーの川崎重工業などが中心になって開発を行っている輸送機である。2010年代以降、有事、国際平和協力業務、国際緊急援助活動、緊急時の邦人保護輸送などで、国外運航を含む、航空輸送任務に使用することを主な目的で開発が進められている。後継機C-Xの開発スケジュールとしては、2001年ごろから設計を含む試作が開始され、2010年には初飛行を行っている。その後、防衛省に納入され、XC-2と制式名称が付けられた。機体製造に関しては川崎重工業が中心的な位置付けだが、一社のみで製造ができるわけでなく、川崎重工業は機首部分、水平尾翼と総合組立を、三菱重工業が胴体を、富士重工が主翼を、さらには日本飛行機などが、それぞれ担当している。

XC-2の開発にあたっては、当時、同時に開発が進められていた次期固定翼哨戒機（XP-1）と主翼、水平尾翼、風防など、両機の機体構造および搭載システムの一部を共用化して、ライフサイクルコストの低減が図られた。共用化された搭載システムの一例としては、統合表示器、飛行制御計算機、慣性基準装置、脚揚降システムコントロールユニット、衝突防止灯、補助推力装置などがある。XC-2の主要諸元は、エンジンはGE製のCF6-80C2、全長約44m、全幅44m、全高14m、基本離陸重量は120tとなっており、先代のC-1より二回り分ほど大きくなっているといえるだろう。

防衛省への引渡式での解説では、XC-2の航続性能は、ペイロードを12tとした場合約6500㎞と考えられており、この距離は、東京からイスラマバードやホノルルまでの距離になる

【主要データ】全長43.9m　全幅44.4m　全高14.2m　最大離陸重量120t　最大速度マッハ0.8　航続距離6,500km（12t搭載時）　エンジンCF6-80C2ターボファン　推力27,900kg×2　乗員3名　約200億円　川崎重工業

ようだ。ちなみにC・1ではペイロードを2・6tとした場合に約1700㎞で、東京から沖縄付近まで、C・130ではペイロードを5tとした場合に約4000㎞で、東京からベトナム周辺までの距離である。新技術の適用としては、最大約30tに達する機体内の貨物などの管理・操作装置をロードマスター・ステーションに集中して省力化を図っている。

なおXC・2は現在も開発が続いており、2014年航空観閲式において、先代にあたるC・1輸送機の1号機にエスコートされ、飛来している。

左がC-1、右がXC-2。

戦術輸送機のベストセラー、米軍・西側諸国を中心に69ヵ国で使用

C-130H輸送機

【主要データ】全長29.8m　全幅40.4m　全高11.7m　自重約32.9t　最大離陸重量約70.3t　最大速度620km/h　航続距離約4,000km（5t搭載時）　エンジンT56-A-15ターボプロップ　出力4,910馬力×4　乗員6名＋64名〜92名　約40億円　米ロッキード・マーティン

Ｃ－１３０Ｈ輸送機は、１９５０年代にアメリカで開発され、現在でも世界中で２０００機以上が使われている傑作輸送機である。航空自衛隊としてはＣ－１の補助的な意味があったようだが、長い航続距離を活かし、国際平和活動協力業務などに欠かせない存在になっている。Ｃ－１３０Ｈは１９８１年から導入が始まり、１９８４年には部隊運用が開始された。Ｃ－１と比較すると、搭載重量は３倍近い19ｔもあり、航続距離も３倍近いものとなっている。２００９年度末には、胴体内に着脱式増設タンクを装備した空中給油能力を持つタイプを受領している。海自ではＣ－１３０Ｒを使用する。

第1空挺団員を降下させるC-1。

戦後初めて国産された航空自衛隊の双発ジェット輸送機

C-1中型輸送機

【主要データ】全長29.0m　全幅30.6m　全高9.99m　全備重量約39t　最大離陸重量45t　最大速度マッハ0.76　航続距離約1,700km（3t搭載時）　エンジンJT8D-9ターボファン　推力6,600kg×2　乗員5名＋45〜60名　約45億円　川崎重工業

Ｃ－１中型輸送機は、それまで使用していたＣ－46輸送機の老朽化により、代替機として開発が行われたものである。１９６６年の設計・関連研究からスタートし、部隊配備は１９７３年。

Ｃ－１の特徴は、機体後部に大型のランプドアを設けたことで、これにより車輌を搭載する場合、車輌を自走させて機内へ搭載することを可能にし、パレットに載せることで空中投下も可能となった。

Ｃ－１はＳＴＯＬ性にも優れており、４段フラップを取り付けて短距離離着陸性の向上が図られ、主脚車輪が８輪ということで、薄い舗装の滑走路や不整地でも離着陸が可能になっている。

皇族や政府首脳が乗る B-747ジャンボジェット

B-747-400 政府専用機

【主要データ】全長70.7m 全幅64.9m 全高19.06m 自重178t 最大離陸重量約363t 最大速度マッハ0.85 航続距離約13,000km エンジンCF-6-80C2ターボファン 推力27,000kg×4 乗員20～25名(輸送能力人員約350名) 約180億円 米ボーイング

B-747政府専用機は、皇族や政府首脳が海外へ渡航する際に使用される。1987年に政府専用機の運用が検討され、ボーイング社のB-747-400に決まり、1991年に内閣府の予算で購入され、1992年に防衛庁(当時)航空自衛隊に移管され、1993年から特別航空輸送隊第701飛行隊を編成している。同部隊は千歳を基地としている。

機内にはギャレー*はもちろん、会議室や記者会見席などがあり、一般席の並びは2・4・2となっていて、民間の3・4・3よりゆったりとした造りになっている。新しい政府専用機として、B-787が決定している。

日本の航空技術陣の手で生まれた 戦後初の国産中型輸送機

YS-11中型輸送機

【主要データ】全長26.3m 全幅32.00m 全高8.98m 自重14.6t 最大離陸重量25,000kg 最大速度490km/h 航続距離約2,300km エンジン ダートMk542-10ターボプロップ 上昇出力3,060shp ×2 乗員5名+42名 日本航空機製造

YS-11は航空自衛隊の機体というよりも、日本の航空機技術陣による戦後初の国産旅客・輸送機であり、終戦で航空機の製造が禁じられていた日本にとって、製造解禁を受けて始められた航空機製造への挑戦の証であろう。1958年に開発を開始して、1962年に初飛行している。航空会社も導入を行ったが、航空自衛隊はYS-11を1965年から人員や貨物輸送用に受領している。

すでにYS-11は、航空会社では2006年に、海上自衛隊や海上保安庁でもすでに退役しており、運用しているのは航空自衛隊だけとなっている。

＊ギャレー=galleyのこと。航空機内で調理する場所。

KC‐767空中給油・輸送機は、ボーイング社製の旅客機B‐767‐200ERを改造したもので、2008年に初号機を受領したのに続き、2010年度から本格運用を開始している。KC‐767は、空中給油機として世界初となった遠隔視認装置を導入して、機体後部のカメラ5台で、コクピット後方の給油操作ステーションで、フライングブームから伸びるテレスコピックチューブの位置を確認しながら、F‐15戦闘機などに給油する。

輸送機としての能力としては、最大積載量は約30t、乗客の場合はカーゴルームに座席を並べることで、200名までを乗せることができるようだ。

戦闘機・輸送機等に対し
空中給油能力を有し、
受油機の作戦能力を
飛躍的に向上させる

KC-767
空中給油・輸送機

【主要データ】全長約48.5m　全幅約47.6m　全高約15.8m　自重86.3t　最大離陸重量約176t　最大速度マッハ0.84　航続距離約7,200km（30t積載時）　エンジンCF6-80C2ターボファン　推力27,900kg×2　乗員4名（最大積載量30トン、乗客200名）　約223億円　米ボーイング

CH‐47J輸送ヘリコプターは、主要航空基地と点在しているレーダーサイトといった分屯基地へ、必要な器材と人員などを運ぶ端末空輸を行う輸送ヘリコプターとして、1986年度に1号機を取得し、現在は16機を保有している。1999年度以降の導入ヘリは、大型燃料タンク、気象レーダー、地図表示装置、二重化慣性航法装置、床リペリング装置などを装備したタイプになっているという。同じヘリでも陸自のCH‐47J／JAの乗員は3名（パイロット2名と機上整備員）であるが、空自のCH‐47Jの場合は5名（パイロット2名と機上整備員、ロードマスターと呼ばれ貨物を管理する空中輸送員2名）となっている。

タンデムローターの
大型輸送ヘリコプター、チヌーク

CH-47J
輸送ヘリコプター

【主要データ】全長15.88m（機体長）　全幅4.80m（機体幅）　全高5.69m　自重17.8t　最大離陸重量22t　最大速度267km/h　航続距離約1,000km　エンジンT55-K-712ターボシャフト　出力3,150shp　乗員5名（パイロット×2、機上整備員×1、空中輸送員×2）＋55名　川崎重工業

捜索レーダー、赤外線暗視装置の装備により捜索能力が向上

U-125A 救難捜索機

【主要データ】全長15.60m　全幅15.66m　全高5.36m　自重6.86t　最大離陸重量約12t　最大速度約820km/h　航続距離約4,000km　エンジンTEE731-5R-1Hターボファン　推力1,950kg×2　乗員4名　米ホーカー・ビーチクラフト

救難捜索機U－125Aは、先代の救難捜索機MU－2の後継機で、BAe125－800を救難捜索機に改造した。1995年から配備される。運用にあたっては、観測窓、捜索レーダー、機首下部に設置された感熱画像装置、救命用具や信号筒といった救難用具の投下装置などが装備され、救難能力が向上した。

全国に11ある救難隊に26機が配備され、UH－60Jとユニットを組んで、救難活動を行っている。なおU－125Aには、航空保安無線施設や管制装置の機能を点検する、飛行点検機のU－125Aというタイプも存在している。

米軍の救難専用ヘリコプター HH-60Aの航空自衛隊向け改造機

UH-60J 救難ヘリコプター

【主要データ】全長15.65m（機体長）　全幅5.43m（機体幅）　全高5.13m　ローター直径16.36m　全備重量10t　最大速度265km/h　航続距離約1,295km　エンジンGET700-IHI-401Cターボシャフト　出力1,662shp×2　乗員5名　三菱重工業

UH－60J救難ヘリコプターは、1991年から配備が始まった、V－107Aの後継機として、導入・配備が始まったものである。2004年に配備された機からは、レーダー警戒装置やミサイル警報装置、さらには赤外線ミサイルを妨害するチャフ・フレアディスペンサーを装備した機になっているという。さらに2006年の調達機からは、機首下部に長い槍のような空中受油装置が付加されるようになった。

なおUH－60Jは、陸自、海自でも細かい仕様に違いがあるものを導入しており、汎用車両などを除けば、陸・海・空3自衛隊で導入している唯一の装備である。

【主要データ】ミサイル全長約5m　ミサイル直径約0.25m　ミサイル重量約0.3t　燃料 個体燃料1段式　誘導方式　プリプログラム＋指令＋アクティブ　米レイセオン

降りそそぐミサイルから日本を守る守護神

地対空誘導弾 PAC-3 ペトリオット

地対空誘導弾PAC・3ペトリオットは、対高空用ナイキミサイルや対低空用ホークミサイルの後継として、米陸軍が開発したものである。日本においてもナイキミサイルの後継誘導弾として、ライセンス生産して整備していくことになり、1994年度中に第5高射群へ配備されたのを最初として、各高射群に整備されていった。

ペトリオットのシステムは、予想される航空脅威に対応するために開発されたため、標的の高度に関係なく、高機動目標や同時多数目標に対して要撃能力を持っている。また、強度のECM環境の下でも有効で、現存の地対空ミサイルの中では最も優れたシステムとなっているという。

レーダー装置は、目標の捜索、探知、追跡及び識別を行うとともに、飛翔中のミサイルへイルミネーション・パルスを送信し、目標からの反射パルスを受け、解析処理してミサイルを目標へ指向させるものである。多機能フェイズド・アレイ・レーダーで、セミトレーラーに車載されトラックに牽引される。射撃管制装置は、高射隊の運用の中核として機能を成すもので、最大16基のミサイルを統制できるという。ちなみに、ペトリオットシステムで唯一、人員が配置されている装置である。

発射装置は遠隔作動し、専用の発動発電機およびランチャーとミサイル本体からなっている。発射装置は、VHFリンクか光ファイバー・リンク経由で、射撃管制装置から制御・作動する。アンテナ装置はアンテナ・マスト・グループともいい、地形上の障害を克服して、通信網の到達距離を拡大させるために使用するもの。射撃管制装置や各シェルター間の音声やデータ伝送用無線中継装置として機能する。

弾道ミサイル防衛(BMD)システムへの備えとして、大気圏外での迎撃を受け持つイージス艦のBMD対応と併せ、大気圏再突入時の迎撃を受け持つものとして、地上配備型のペトリオットの能力向上とPAC・3ミサイルの整備が進められた。PAC-3のミサイル本体は、PAC-1、PAC-2より軽量小型化されており、弾道弾撃墜能力を向上させるため、誘導性能や目標破壊能力、機体応答性の向上が図られている。従来はキャニスターに4発収納されていたが、PAC・3では最大16発となっている。ミサイルは、目標を捕捉するアクティブ誘導方式だという。

地対空誘導弾PAC-3ペトリオット

ペトリオット・システムの概念図
CG：藤井祐二

写真はPAC-3発射機。

手前がミサイル本体、奥の左から射撃管制装置、電源車、アンテナ・マスト装置。

交代が進む中距離空対空ミサイル

AIM-7スパロー

ＡＩＭ－７スパローミサイルは、中距離の空対空ミサイルで、いくつかのタイプがあり、７Ｅタイプは射程45㎞ほどだが、７Ｆなどは約１００㎞だという。Ｆ－15ではインテーク横側に２発ずつ、計４発を搭載することができるが、現在は国産のＡＡＭ－４に代わりつつあるという。旧式化しつつあるが、Ｆ－15、Ｆ－４、Ｆ－２の各戦闘機に搭載可能でまだまだ現役である。

【主要データ】(AIM-7F) 重量約231kg　全長3.66m　直径0.20m　翼幅1.02m　推進装置 個体推進ロケットモーター　米レイセオン

世界でもトップレベルの国産ミサイル

04式空対空誘導弾(AAM-5)

白いミサイルが04式空対空誘導弾。

ＡＡＭ－５は04式空対空誘導弾といい、ＡＡＭ－３の後継として国産化された、赤外線誘導方式の近距離用空対空誘導弾である。誘導部にある赤外線画像誘導シーカーは、ヘルメット・マウンテッド・ディスプレーと連動しており、高い探知能力と耐妨害力を持っているという。Ｆ－15Ｊの近距離戦闘能力を大きく向上させる誘導弾として注目できるだろう。対高機動目標への攻撃能力は世界最高レベルである。

【主要データ】重量83.9kg　全長約2.86m　直径約0.12m　翼幅0.44m　約5,500万円　三菱重工業

F-2戦闘機搭載の国産対艦ミサイル

93式空対艦誘導弾(ASM-2／ASM-2B)

ＡＳＭ－２は93式空対艦誘導弾といい、陸自の88式地対艦誘導弾であるＳＳＭ－１をベースに、射程の延伸と命中精度向上を目的に開発された空対艦誘導弾である。ターボジェットを推進力に採用して、射程は推定で約１７０㎞にも達するという。命中精度については、赤外線誘導と画像誘導方式を取り入れたため、大幅に向上しているようだ。Ｆ－２には、最大４発が搭載可能だという。

【主要データ】重量約530kg　全長約4m　直径約0.35m　翼幅約1.2m　誘導方式 ハイブリッド誘導（初中期＝慣性誘導、終末＝赤外線画像誘導）　三菱重工業

空対艦ミサイルの主力

80式空対艦誘導弾(ASM-1)

ASM-1は80式空対艦誘導弾といい、1973年から技術研究本部で開発が始まり、7年の歳月をかけて完成した国産の対艦ミサイル。十字翼形で、先端から順に、対艦レーダーホーミング装置、慣性装置、弾頭部、ロケットモーター、制御部となっている。完成時はF-1に搭載することを考慮していたが、現在ではF-2やF-4EJ改にも搭載されている。

【主要データ】重量約600kg　全長約4m　直径約0.35m　翼幅約1.19m　誘導方式 ハイブリッド誘導（初中期＝慣性、終末＝アクティブ電波ホーミング）　三菱重工業

基地防空、最後の砦

対空機関砲VADS

VADSは対空機関砲で、Vulcan Air Defense Systemの頭文字をとったもの。基地防空の最終装備で、低空で侵入してくる亜音速の航空機を捕捉して追撃する、半自動独立火器システムである。高速発射性能を持つ20㎜バルカン砲、リードコンピューティングサイト、測距レーダーなどから構成されている。侵入機の見越し角の自動算定機能を備えて命中率を高め、対応時間の短縮を図るなどして、射手の負担軽減を図っているという。

【主要データ】重量1,800kg　全高2.17m（射撃時）　全長4.29m（射撃時）　全幅3.82m（射撃時）　有効射程約1,200m　発射速度3,000発／分（高速）　発射制御 10、30、60、100発（高速）　搭載弾数500発　操作員2名　住友重機械工業

対空自衛用の個人携帯装備

91式携帯地対空誘導弾(SAM-2)

SAM-2は91式携帯地対空誘導弾といい、スティンガー対空ミサイルの後継火器として、1983年の開発要求により、技術研究本部が中心となって開発が進められ、射手一人で操作できる初の国産携帯地対空誘導弾である。前身のスティンガー対空ミサイルと比べると、正面要撃性、対妨害性、瞬間交戦性に優れるなど、技術的にも性能が向上しているという。

【主要データ】（ミサイル）重量9kg　全長1.43m　直径0.8m　肩上重量17キロ　誘導方式 可視光画像＋IR　推進薬個体燃料　東芝

航空観閲式で地上に整列する展示機。写真左端、鼻先だけが見えているF-2、その右のF-4EJ改戦闘機からE-767まで見えるが、F-2の左側には、陸上、海上自衛隊の航空機と、空自のE-2C、C-130Hが並んでいた。また、人員は大隊編成で7個大隊が並んでいた。(P94〜95の写真はすべて2014年度の観閲式のもの)。

戦闘機の空中展示から地上行進まで、さらにはF-35Aまでが飛び入り参加!! 航空観閲式

航空観閲式は、陸上自衛隊の観閲式、海上自衛隊の観艦式と同様に、自衛隊記念日行事として行われるものであるが、1996年(平成8)から自衛隊記念日行事を、陸・海・空3自衛隊が持ち回りで行うようになってから開始されたので、歴史的には浅く、最近開かれた2014年(平成26)度の回で、まだ7回目である。ただこの時は、航空自衛隊創設60周年に当たっていたこともあり、航空自衛隊の熱気が式典のさまざまな所に感じられた。

航空観閲式は通常、茨城県にある航空自衛隊百里基地が会場になっている。2014年度の航空観閲式の観閲官は安倍晋三内閣総理大臣、主催者は江渡聡徳防衛大臣、実施責任者は航空幕僚長齊藤治和空将、執行者は航空総隊司令官中島邦祐空将であった。

航空観閲式の式次事は概ね陸自の観閲式と似ているが、亡くなったパイロットたちの魂を慰霊する〝慰霊飛行〟が行われることが大きな違いであろう。また、観閲式では巡閲、観閲官訓示、観閲行進の順で行われるが、航空観閲式では、観閲飛行、地上に整列した航空機群の巡閲の後に、観閲官の訓示が行われる。そのあと展示視閲として、航空機の地上行進や展示飛行が行われている。

2014年度の場合、観閲飛行は、第1群から第3群までが陸自航空機(ヘリ)、第4群から第6群までが海自の航空機、第7群から第18群までが航空自衛隊の航空機群であった。空自の航空機群の順序としては、UH-60J、CH-47J、U-125A、C-130H、C-1、E-2C、E-76

観閲官安倍晋三内閣総理大臣による巡閲。

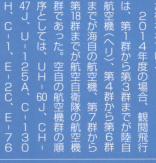

7、KC-767、B-747-400、F-15JD/J、F-4EJ、F-2A/Bといった順であった。展示視閲は、高射部隊、移動通信隊、移動気象隊、移動管制隊、移動警戒隊、基地防空隊といった移動部隊の展示走行、ミサイルや爆弾を装着したF-15JD/J、F-2A/B、F-4EJといった機による航空機地上滑走が行われた。さらに展示飛行として、F-15JD/Jによる緊急発進や機動飛行、ブルーインパルス展示飛行、さらに航空偵察、対地攻撃といった展示飛行が行われ、最後は試験飛行としてXC-2が飛来している。2014年は航空自衛隊創設60周年ということか、次期主力戦闘機に選定されたF-35Aのモックアップが国籍マークに日の丸を付け展示されたほか、陸上自衛隊が導入を決めたMV-22もエプロンに展示されていた。

　なお、航空観閲式は一般に公開されているが、これも数多い応募の中から抽選となっているため、同じ内容で行われる事前予行に応募するという方法もある。

ブルーインパルスによる展示飛行が、展示視閲の中の展示飛行の一つとして行われた。

観閲台の前を、展示視閲の一つである"航空機地上行進"するF-15J/DJ。

JASDF
JAPAN AIR SELF-DEFENSE FORCE

航空観閲式の当日に、エプロンで公開されたF-35Aのモックアップ。次期主力戦闘機に選定されたロッキード・マーチン社からの感謝なのか、アピールなのか、国籍マークが日の丸になっている。

［著者］**野口卓也**（のぐち　たくや）

1958年生まれ。宮城県石巻市出身。国士舘大学文学部卒業。『軍事研究』『シーパワー』編集者、大手印刷会社デザイン部を経て、自衛隊のカメラ・記事取材を中心に活動中。考古学者・歴史学者・文化人類学者としても活動中。愛車・パジェロ、夜行バス、電車などをチョイスして、日本各地に出没する。

［ＤＶＤ監督］**大島孝夫**（おおしま　たかお）

1968年生まれ。東京都豊島区出身。ミリタリー、グラビアアイドルなどの演出を得意分野としている。特にミリタリー分野ではRIMPAC環太平洋合同演習、日米合同演習「雷神2014」等、国内外で精力的に活躍している。主な作品「国防男子」「国防女子」「空から救った「命」の記録 3.11東日本大震災 航空自衛隊災害派遣活動のすべて」（竹書房）、「ジェイ・シップス」2014年6月号、10月号特別付録DVD（イカロス出版）等。

●協力：防衛省　大臣官房 広報課／陸上幕僚監部 広報室／海上幕僚監部 広報室／航空幕僚監部 広報室
●写真：野口卓也／福田正紀／海事代理士ムッちゃんのブログ／SOG-yuuki／浅香昌宏／US.NAVY／海上自衛隊

DVDビジュアルブック　こんなにスゴい！　自衛隊最新&最強装備

2015年8月25日　第1刷発行

著者：野口卓也
DVD監督：大島孝夫
デザイン・DTP：大野信長

発行人：鈴木昌子
編集人：長崎　有
編集長：星川　武
編　集：極東通信社

発行所：株式会社　学研パブリッシング
〒141-8412　東京都品川区西五反田2-11-8
発売元：株式会社　学研マーケティング
〒141-8415　東京都品川区西五反田2-11-8

印　刷：凸版印刷株式会社
DVDプレス：東京電化株式会社

［この本に関する各種お問い合わせ先］
●電話の場合　◎編集内容については　Tel：03-6431-1508（編集部直通）
◎在庫、不良品（落丁、乱丁）については　Tel：03-6431-1201（販売部直通）
◎DVD操作方法と不具合については　Tel：03-6431-1508（編集部直通）
◎この本以外の学研商品に関するお問い合わせは
Tel：03-6431-1002（学研お客様センター）
●文書の場合　〒141-8418　東京都品川区西五反田2-11-8
学研お客様センター『DVDビジュアルブック　こんなにスゴい！　自衛隊最新＆最強装備』係

［学研の書籍・雑誌についての新刊情報・詳細情報は下記をご覧ください］
学研出版サイト　http://hon.gakken.jp/
歴史群像ホームページ　http://rekigun.net/